职业培训计划　培训大纲

核辐射探测仪器制造人员

中国核工业集团公司人力资源部组织制定

原子能出版社

图书在版编目(CIP)数据

核辐射探测仪器制造人员职业培训计划、培训大纲/中国核工业集团公司人力资源部组织制定．—北京：原子能出版社，2010.6

ISBN 978-7-5022-4958-8

Ⅰ．①核… Ⅱ．①中… Ⅲ．①辐射探测器—制造—技术培训—自学参考资料 Ⅳ．①TL81

中国版本图书馆 CIP 数据核字(2010)第 111346 号

核辐射探测仪器制造人员

出版发行 原子能出版社(北京市海淀区阜成路 43 号 100048)
责任编辑 刘 朔
技术编辑 冯莲凤
责任印制 潘玉玲
印　　刷 中国文联印刷厂
经　　销 全国新华书店
开　　本 850 mm×1168 mm 1/32
印　　张 4.75 **字　　数** 126 千字
版　　次 2010 年 11 月第 1 版 2010 年 11 月第 1 次印刷
书　　号 ISBN 978-7-5022-4958-8 **定　价** **25.00 元**

网址:http://www.aep.com.cn **E-mail:atomep123@126.com**

发行电话:010-68452845

说　明

为在全行业贯彻《中华人民共和国职业分类大典》（核工业分册），更好地规范各核特有职业技能鉴定站的办学行为，提高职业培训和鉴定质量，根据人力资源和社会保障部的有关规定，中国核工业集团公司组织专家编制了《核辐射探测仪器制造人员职业培训计划　培训大纲》（以下简称为《培训计划　培训大纲》）。

本《培训计划　培训大纲》从核工业发展对核特有职业从业人员的要求出发，依据核特有国家职业标准，结合职业培训特点对职业培训目标、课时分配、教学内容等都作了明确规范。

本《培训计划　培训大纲》是分等级进行编写的，每个等级的培训计划中包括培训目标、教学要求和教学计划安排，培训大纲包括课程任务和说明、课时分配、理论知识部分教学要求及内容和专业能力部分教学要求及内容。

本《培训计划　培训大纲》是在各有关专家和实际工作者的共同努力下完成的。参加编写的主要人员为杨世英、龙良淑、赵柱、杨道广、黄国良、布素平、李臻、马朝贵、王亚军、潘德武、陈常和、陈鹏选；参加终审的主要人员为霍志立、吴铭勋、吴军、沈忠义、梁平、明绍芬等。

本《培训计划　培训大纲》在制定过程中，得到中核集团（北京）核仪器厂等有关单位的大力支持，在此表示衷心感谢。

本《培训计划　培训大纲》由中国核工业集团公司人力资源部组织制定。

二〇一〇年十月十日

目　　录

核辐射探测仪器制造人员

1. 职业代码： X6-27-08-03 。

2. 职业定义： 使用专用仪器、设备和核辐射源，进行核辐射探测仪器和核仪器仪表的组合装配、调试的人员。

初级核辐射探测仪器制造人员
培训计划

1. 培训目标

1.1 总体目标

培训具备以下条件的人员：掌握初级核辐射探测仪器制造人员的基本知识和专业知识，能运用本职业功能操作技能独立完成初级工的操作。

1.2 理论知识培训目标

依据《核辐射探测仪器制造人员国家职业标准》中对初级工理论知识的要求，通过培训，使培训对象掌握初级核辐射探测仪器制造人员的职业道德、基础知识和生产准备、工艺操作、故障判断与排除及本职业功能的相关知识。

1.3 操作技能培训目标

依据《核辐射探测仪器制造人员国家职业标准》中对初级工的操作技能要求，使培训对象掌握初级核辐射探测仪器制造人员的生产准备、工艺操作、故障判断与排除。

2. 教学要求

2.1 理论知识要求

2.1.1 职业道德

2.1.2 基础知识

2.1.3 生产准备

2.1.4 工艺操作

2.1.5 故障判断与排除

2.2 操作技能要求

2.2.1 生产准备

2.2.2 工艺操作

2.2.3 故障判断与排除

3. 教学计划安排

总课时数：300 课时；
理论知识课时：114 课时；
理论知识复习：58 课时；
操作技能课时：38 课时；
操作技能练习：74 课时；
机动课时：16 课时。

初级核辐射探测仪器制造人员
培训大纲

1. 课时任务和说明

通过培训，使培训对象掌握初级核辐射探测仪器制造人员的基础知识和所应具备的操作技能。培训完毕，培训对象应掌握初级核辐射探测仪器制造人员的基础知识和理论知识，能够独立完成基本工艺操作。

在教学过程中，应以理论教学为基础，强化操作和基本技能的培训，使培训对象达到培训目标和要求。

2. 课时分配

课时分配表

理论知识部分				操作技能部分			
内容	总课时	授课	复习	内容	总课时	授课	复习
职业道德	8	8	—	职业道德	—	—	—
基础知识	34	20	14	基础知识	—	—	—

续表

理论知识部分						操作技能部分					
内容			总课时	授课	复习	内容			总课时	授课	复习
按职业功能任选一项	核探测器零部件清洗	生产准备	20	12	8	按职业功能任选一项	核探测器零部件清洗	生产准备	12	4	8
		工艺操作	60	40	20			工艺操作	50	14	36
		故障判断与排除	50	34	16			故障判断与排除	50	20	30
	核探测器装架	生产准备	30	20	10		核探测器装架	生产准备	12	4	8
		工艺操作	60	40	20			工艺操作	60	20	40
		故障判断与排除	40	26	14			故障判断与排除	40	14	26
	核探测气体电离器件涂覆（包括镀液、绝缘漆、导电溶液等）	生产准备	30	20	10		核探测气体电离器件涂覆（包括镀液、绝缘漆、导电溶液等）	生产准备	12	4	8
		工艺操作	60	40	20			工艺操作	60	20	40
		故障判断与排除	40	26	14			故障判断与排除	40	14	26
	核探测器玻璃零部件制作	生产准备	30	20	10		核探测器玻璃零部件制作	生产准备	12	4	8
		工艺操作	60	40	20			工艺操作	60	20	40
		故障判断与排除	40	26	14			故障判断与排除	40	14	26
	核探测元件镀膜与活化	生产准备	30	20	10		核探测元件镀膜与活化	生产准备	12	4	8
		工艺操作	60	40	20			工艺操作	60	20	40
		故障判断与排除	40	26	14			故障判断与排除	40	14	26
	核探测元件排气	生产准备	30	20	10		核探测元件排气	生产准备	12	4	8
		工艺操作	60	40	20			工艺操作	60	20	40
		故障判断与排除	40	26	14			故障判断与排除	40	14	26

续表

<table>
<tr><td colspan="6">理论知识部分</td><td colspan="6">操作技能部分</td></tr>
<tr><td colspan="3">内容</td><td>总课时</td><td>授课</td><td>复习</td><td colspan="3">内容</td><td>总课时</td><td>授课</td><td>复习</td></tr>
<tr><td rowspan="18">按职业功能任选一项</td><td rowspan="3">半导体核探测器制作欧姆接触</td><td>生产准备</td><td>30</td><td>20</td><td>10</td><td rowspan="18">按职业功能任选一项</td><td rowspan="3">半导体核探测器制作欧姆接触</td><td>生产准备</td><td>12</td><td>4</td><td>8</td></tr>
<tr><td>工艺操作</td><td>60</td><td>40</td><td>20</td><td>工艺操作</td><td>60</td><td>20</td><td>40</td></tr>
<tr><td>故障判断与排除</td><td>40</td><td>26</td><td>14</td><td>故障判断与排除</td><td>40</td><td>14</td><td>26</td></tr>
<tr><td rowspan="3">半导体核探测器腐蚀和封装</td><td>生产准备</td><td>20</td><td>12</td><td>8</td><td rowspan="3">半导体核探测器腐蚀和封装</td><td>生产准备</td><td>12</td><td>4</td><td>8</td></tr>
<tr><td>工艺操作</td><td>60</td><td>40</td><td>20</td><td>工艺操作</td><td>50</td><td>14</td><td>36</td></tr>
<tr><td>故障判断与排除</td><td>50</td><td>34</td><td>16</td><td>故障判断与排除</td><td>50</td><td>20</td><td>30</td></tr>
<tr><td rowspan="3">有机闪烁体原料提纯</td><td>生产准备</td><td>20</td><td>12</td><td>8</td><td rowspan="3">有机闪烁体原料提纯</td><td>生产准备</td><td>12</td><td>4</td><td>8</td></tr>
<tr><td>工艺操作</td><td>60</td><td>40</td><td>20</td><td>工艺操作</td><td>50</td><td>14</td><td>36</td></tr>
<tr><td>故障判断与排除</td><td>50</td><td>34</td><td>16</td><td>故障判断与排除</td><td>50</td><td>20</td><td>30</td></tr>
<tr><td rowspan="3">有机闪烁体聚合和退火</td><td>生产准备</td><td>30</td><td>20</td><td>10</td><td rowspan="3">有机闪烁体聚合和退火</td><td>生产准备</td><td>12</td><td>4</td><td>8</td></tr>
<tr><td>工艺操作</td><td>60</td><td>40</td><td>20</td><td>工艺操作</td><td>60</td><td>20</td><td>40</td></tr>
<tr><td>故障判断与排除</td><td>40</td><td>26</td><td>14</td><td>故障判断与排除</td><td>40</td><td>14</td><td>26</td></tr>
<tr><td rowspan="3">热释光元件制备</td><td>生产准备</td><td>30</td><td>20</td><td>10</td><td rowspan="3">热释光元件制备</td><td>生产准备</td><td>12</td><td>4</td><td>8</td></tr>
<tr><td>工艺操作</td><td>60</td><td>40</td><td>20</td><td>工艺操作</td><td>60</td><td>20</td><td>40</td></tr>
<tr><td>故障判断与排除</td><td>40</td><td>26</td><td>14</td><td>故障判断与排除</td><td>40</td><td>14</td><td>26</td></tr>
<tr><td rowspan="3">硫化锌元件制备</td><td>生产准备</td><td>20</td><td>12</td><td>8</td><td rowspan="3">硫化锌元件制备</td><td>生产准备</td><td>12</td><td>4</td><td>8</td></tr>
<tr><td>工艺操作</td><td>60</td><td>40</td><td>20</td><td>工艺操作</td><td>50</td><td>14</td><td>36</td></tr>
<tr><td>故障判断与排除</td><td>50</td><td>34</td><td>16</td><td>故障判断与排除</td><td>50</td><td>20</td><td>30</td></tr>
</table>

续表

<table>
<tr><th colspan="6">理论知识部分</th><th colspan="6">操作技能部分</th></tr>
<tr><th colspan="3">内容</th><th>总课时</th><th>授课</th><th>复习</th><th colspan="3">内容</th><th>总课时</th><th>授课</th><th>复习</th></tr>
<tr><td rowspan="9">按职业功能任选一项</td><td rowspan="3">晶体制备</td><td>生产准备</td><td>30</td><td>20</td><td>10</td><td rowspan="9">按职业功能任选一项</td><td rowspan="3">晶体制备</td><td>生产准备</td><td>12</td><td>4</td><td>8</td></tr>
<tr><td>工艺操作</td><td>60</td><td>40</td><td>20</td><td>工艺操作</td><td>60</td><td>20</td><td>40</td></tr>
<tr><td>故障判断与排除</td><td>40</td><td>26</td><td>14</td><td>故障判断与排除</td><td>40</td><td>14</td><td>26</td></tr>
<tr><td rowspan="3">晶体封装</td><td>生产准备</td><td>20</td><td>12</td><td>8</td><td rowspan="3">晶体封装</td><td>生产准备</td><td>12</td><td>4</td><td>8</td></tr>
<tr><td>工艺操作</td><td>60</td><td>40</td><td>20</td><td>工艺操作</td><td>50</td><td>14</td><td>36</td></tr>
<tr><td>故障判断与排除</td><td>50</td><td>34</td><td>16</td><td>故障判断与排除</td><td>50</td><td>20</td><td>30</td></tr>
<tr><td rowspan="3">整体装接</td><td>生产准备</td><td>20</td><td>12</td><td>8</td><td rowspan="3">整体装接</td><td>生产准备</td><td>12</td><td>4</td><td>8</td></tr>
<tr><td>工艺操作</td><td>60</td><td>40</td><td>20</td><td>工艺操作</td><td>50</td><td>14</td><td>36</td></tr>
<tr><td>故障判断与排除</td><td>50</td><td>34</td><td>16</td><td>故障判断与排除</td><td>50</td><td>20</td><td>30</td></tr>
<tr><td colspan="3">机动</td><td>8</td><td></td><td></td><td colspan="3">机动</td><td>8</td><td></td><td></td></tr>
<tr><td colspan="3">合计</td><td>180</td><td>114</td><td>58</td><td colspan="3">合计</td><td>120</td><td>38</td><td>74</td></tr>
</table>

总课时数：300 课时。

3. 理论知识部分教学要求及内容

3.1 职业道德

3.1.1 教学要求

通过培训，使培训对象掌握职业道德基本知识，以及相关的法律、法规知识，规范从业行为，具备核辐射探测仪器制造人员应有的基本素质。

3.1.2 教学内容

（1）职业道德基本知识；

（2）职业守则。

3.1.3 教学建议

教学重点是应结合爱岗敬业，提高员工素质。

3.2 基础知识

3.2.1 教学要求

通过培训，使培训对象掌握初级核辐射探测仪器制造人员的基础知识，了解本职业初级工的相关知识。

3.2.2 教学内容

3.2.2.1 基础理论知识

（1）核物理基础概念；

（2）电子技术基础概念。

3.2.2.2 安全文明生产知识

一般安全操作规程与劳动保护知识。

3.2.2.3 质量管理知识

岗位质量保证基础知识。

3.2.2.4 相关法律、法规知识

(1)《中华人民共和国安全生产法》的相关知识;

(2)《中华人民共和国环境保护法》的相关知识。

3.2.3 教学建议

教学重点是学习基本概念,了解基本术语。

3.3 生产准备

3.3.1 教学要求

通过培训,使培训对象掌握初级工的操作规程、安全操作规程基本知识与初级工的生产准备要求。

3.3.2 教学内容

3.3.2.1 核探测器零部件清洗

(1) 岗位操作规程、安全操作规程;

(2) 真空卫生基础知识;

(3) 安全防护用具知识;

(4) 化工材料管理规定;

(5) 常用化学药品知识;

(6) 原材料及工器具;

(7) 通风设施简介。

3.3.2.2　核探测器装架

（1）岗位操作规程、安全操作规程；

（2）真空卫生基础知识；

（3）安全防护用具知识；

（4）原材料及工器具；

（5）零部件名称和相互配合关系；

（6）点焊知识。

3.3.2.3　核探测气体电离器件涂覆（包括镀液、绝缘漆、导电溶液等）

（1）岗位操作规程、安全操作规程；

（2）真空卫生基础知识；

（3）核探测气体电离器件基础知识；

（4）化学实验操作基础知识；

（5）安全防护用具知识；

（6）涂覆溶液的成分、用途；

（7）辐射防护基础知识。

3.3.2.4　核探测器玻璃零部件制作

（1）岗位操作规程、安全操作规程；

（2）电真空玻璃的基础知识；

（3）安全防护用具知识；

（4）原材料的准备；

（5）生产仪器设备及工器具状态的检查。

3.3.2.5　核探测元件镀膜与活化

（1）岗位操作规程、安全操作规程；

（2）真空技术基础知识；

（3）有毒有害材料的安全防护知识；

（4）安全防护用具知识；

（5）真空镀膜机、真空活化炉、真空计等仪器设备的相关知识；

（6）系统真空度的测量方法。

3.3.2.6　核探测元件排气

（1）岗位操作规程、安全操作规程；

（2）真空卫生基础知识；

（3）卤素气体、惰性气体、有机气体等常用气体的基础知识；

（4）碱金属基础知识；

（5）可燃、助燃和工作气体的基础知识；

（6）高频感应加热设备的相关知识；

（7）探测器与排气系统的封接工艺；

（8）探测器预抽的工艺。

3.3.2.7　半导体探测器制作欧姆接触

（1）岗位操作规程、安全操作规程；

（2）半导体生产卫生要求；

（3）按半导体卫生标准清洁工作间；

（4）电路焊接基础知识；

（5）易燃、易爆材料的使用及保管方法。

3.3.2.8　半导体探测器腐蚀和封装

（1）岗位操作规程、安全操作规程；

（2）半导体生产卫生基础知识；

（3）半导体核辐射探测仪器基础知识；

（4）化学实验操作基础知识。

3. 3. 2. 9　有机闪烁体原料提纯

（1）岗位操作规程、安全操作规程；

（2）苯乙烯等化工材料的理化特性；

（3）分馏塔、真空泵等主要设备的使用方法；

（4）有毒有害工作的通风要求；

（5）易燃、易爆材料的使用及保管方法。

3. 3. 2. 10　有机闪烁体聚合和退火

（1）岗位操作规程、安全操作规程；

（2）苯乙烯等化工材料的理化特性；

（3）聚合炉等主要设备的使用方法；

（4）有毒有害工作的通风要求；

（5）易燃、易爆材料的使用及保管方法。

3. 3. 2. 11　热释光元件制备

（1）岗位操作规程、安全操作规程；

（2）化学试剂配制基础知识；

（3）通风设备基础知识；

（4）有毒有害工作通风要求；

（5）易燃、易爆材料的使用及保管方法。

3. 3. 2. 12　硫化锌元件制备

（1）岗位操作规程、安全操作规程；

（2）通风、天平、空气压缩机等主要仪器设备的使用方法；

（3）化学试剂的配制方法；

（4）有毒有害工作的通风要求；

（5）易燃、易爆材料的使用及保管方法。

3.3.2.13　晶体制备

（1）安全操作基础知识；

（2）化学基础知识；

（3）晶体与晶体生长基础知识；

（4）安全防护知识。

3.3.2.14　晶体封装

（1）岗位操作规程、安全操作规程；

（2）通风设备的电工原理；

（3）天平及卡尺的使用知识。

3.3.2.15　整机装接

（1）岗位操作规程、安全操作规程；

（2）常用电子元器件和电子材料基础知识与识别；

（3）印制电路板装配工艺图的要求与识别；

（4）印制电路板焊接要求与焊接工具的使用；

（5）电子元器件直观检测、筛选，引脚成型与浸锡知识；

（6）印制电路板焊接外观检查及拆焊方法；

（7）核辐射探测仪器基础知识；

（8）核辐射探测仪器装接操作基础知识。

3.3.3　教学建议

教学重点为掌握初级工的生产准备知识和安全操作规程。

3.4 工艺操作

3.4.1 教学要求

通过培训，使培训对象掌握初级工的工艺操作基本知识，了解具体操作方法。

3.4.2 教学内容

3.4.2.1 核探测器零部件清洗

（1）清洗材料的理化特性；

（2）清洗液的配比及配制方法；

（3）玻璃零件和金属零部件的清洗工艺；

（4）报废溶液处置；

（5）生产记录的填写。

3.4.2.2 核探测器装架

（1）机械制图基础知识；

（2）探测器零件名称、组装流程和工艺要求；

（3）零部件外观检查；

（4）栅网加工；

（5）管型组装；

（6）自检与返修；

（7）顶盖密封头绝缘性能测量；

（8）拉丝、切割、检查零部件尺寸等；

（9）生产记录的填写。

3.4.2.3 核探测气体电离器件涂覆（包括镀液、绝缘漆、导电溶液等）

(1) 涂覆溶液、绝缘漆、导电溶液配制方法;
(2) 易燃、易爆材料的使用及保管方法;
(3) 核探测气体电离器件涂覆的基本工艺;
(4) 零件的磨光、抛光、喷砂、清洗;
(5) 制图加工符号的表示方法;
(6) 生产操作记录的填写;
(7) 涂覆设备简介。

3.4.2.4 核探测器玻璃零部件制作

(1) 玻璃零部件加工设备的使用方法;
(2) 电真空玻璃与金属封接的基础知识;
(3) 玻璃的对接与侧接等操作方法;
(4) 管壳切割、管壳制作、封平板、芯柱制作、玻璃与金属封接、封口等操作方法;
(5) 偏光仪的使用及消除玻璃应力的方法;
(6) 生产记录的填写。

3.4.2.5 核探测元件镀膜与活化

(1) 分析天平的知识，蒸镀材料的称重;
(2) 工件安装的知识;
(3) 管壳蒸铝电极的连接;
(4) 蒸发材料的更换;
(5) 真空镀膜系统的检漏;
(6) 活化和蒸镀知识;
(7) 生产记录的填写。

3.4.2.6 核探测元件排气

(1) 排气系统各部分的名称和基本功能;

(2) 光阴极制作基础知识;
(3) 对接、侧接等基本玻璃操作;
(4) 真空封离;
(5) 单碱和双碱管型的排气制作;
(6) 真空度示值及充气压力示值的读取;
(7) 真空检漏方法;
(8) 排气工艺过程;
(9) 从排气台上剪切和焊接探测器的操作方法;
(10) 真空测试仪表的使用和真空阀门的操作;
(11) 排气记录的填写。

3.4.2.7 半导体探测器制作欧姆接触

(1) 抛光机操作过程;
(2) 钻床的使用;
(3) 半导体核探测器制作欧姆接触的基本工艺;
(4) 生产操作记录的填写。

3.4.2.8 半导体探测器腐蚀和封装

(1) 腐蚀、圆晶清洗等主要设备的使用方法;
(2) 易燃、易爆材料的使用及保管方法;
(3) 半导体核探测器腐蚀和封装的基本工艺;
(4) 生产操作记录的填写。

3.4.2.9 有机闪烁体原料提纯

(1) 化学试剂的配制;
(2) 分馏塔、真空泵等主要设备的使用方法;
(3) 有机闪烁体原料提纯的基本工艺操作;
(4) 生产操作的记录。

3.4.2.10　有机闪烁体聚合和退火

（1）化学试剂的配制；

（2）聚合炉等主要设备的使用方法；

（3）有机闪烁体聚合和退火的基本工艺操作；

（4）生产操作的记录。

3.4.2.11　热释光元件制备

（1）化学试剂配制基础知识；

（2）化学药品操作管理规定和安全防护知识；

（3）热释光剂量计的使用方法；

（4）生产操作记录的填写。

3.4.2.12　硫化锌元件制备

（1）化学试剂的配制；

（2）精密天平、空气压缩机等主要设备的使用方法；

（3）硫化锌元件制备的基本工艺操作（α类）；

（4）生产操作记录的填写。

3.4.2.13　晶体制备

（1）清洗液的配制方法；

（2）判断坩埚质量的几种方法；

（3）控制仪表安全操作规程；

（4）晶体生长工艺过程。

3.4.2.14　晶体封装

（1）密封胶的基本性能；

（2）光学原理的基础知识；

（3）晶体研磨、抛光的工艺要求。

3.4.2.15　整机装接

(1) 核辐射探测仪器装接过程中，主要设备及工具的使用方法；

(2) 核辐射探测仪器中，印制电路板上电子元器件的插装操作要求及方法；

(3) 电子元器件引线的刮、镀、浸锡要求及操作；

(4) 电子元器件焊接要求及焊接操作；

(5) 电子元器件的拆焊 3 个焊脚以下的电子元器件。

3.4.3　教学建议

教学重点为掌握初级工的工艺操作知识。

3.5　故障判断与排除

3.5.1　教学要求

通过培训，使培训对象掌握初级工工艺操作中的故障判断与排除，基本了解具体操作方法。

3.5.2　教学内容

3.5.2.1　核探测器零部件清洗

(1) 超声波、电炉等清洗设备相关知识；

(2) 灭火器种类及相关知识；

(3) 工作间有毒有害气体及液体泄漏的处理方法。

3.5.2.2　核探测器装架

(1) 高阻计、电容计和击穿仪等测试仪表的使用方法；

（2）点焊机使用方法及故障判断；

（3）虚焊判断。

3.5.2.3　核探测气体电离器件涂覆（包括镀液、绝缘漆、导电溶液等）

灭火器种类、用途、使用方法及注意事项。

3.5.2.4　核探测器玻璃零部件制作

（1）易燃、易爆气体的安全操作基础知识；

（2）灭火器种类、用途、使用方法及注意事项；

（3）玻璃制作设备基础知识。

3.5.2.5　核探测元件镀膜与活化

（1）真空镀膜系统、测试仪表、烘箱和温控仪表工作状态的判断；

（2）生产中停水、停电和突然暴露大气等意外事故的处理。

3.5.2.6　核探测元件排气

（1）真空系统、测试仪表、烘箱和温控仪表工作状态的判断；

（2）生产中停水、停电和突然暴露大气等意外事故的处理。

3.5.2.7　半导体探测器制作欧姆接触

（1）通风设备基本知识；

（2）所用化学材料的基本性质；

（3）工艺操作中出现问题时的解决方法。

3.5.2.8　半导体探测器腐蚀和封装

（1）通风设备基本知识；

（2）所用化学材料的基本性质；

（3）工艺操作中出现问题时的解决方法。

3.5.2.9　有机闪烁体原料提纯

（1）化学试剂的配制；

（2）分馏塔、真空泵等主要设备的使用方法；

（3）有机闪烁体原料提纯的基本工艺操作；

（4）生产操作的记录。

3.5.2.10　有机闪烁体聚合和退火

（1）反应太剧烈时的温度控制方法；

（2）反应太慢时的温度控制方法；

（3）有固体析出时的处理方法。

3.5.2.11　热释光元件制备

（1）通风设备基本知识；

（2）所用化学材料的基本性质；

（3）工艺操作中出现问题时的解决方法。

3.5.2.12　硫化锌元件制备

（1）通风设备是否正常地判断；

（2）空气压缩机、精密天平等仪器设备的故障判断及排除方法；

（3）灭火器的使用。

3.5.2.13　晶体制备

（1）通风设备故障现象及原因；

（2）控制仪表一般故障现象及排除方法。

3.5.2.14　晶体封装

（1）通风设备基本知识；

（2）所用化学材料的基本性质。

3.5.2.15　整机装接

（1）印制电路板基础知识；

（2）印制电路板装接质量要求及检查判别方法；

（3）印制电路板焊接、插装缺陷的修正要求。

3.5.3　教学建议

教学重点是培训初级工在工艺操作中出现问题时的判断能力。

4. 操作技能部分教学要求及内容

4.1　教学要求

通过培训，使培训对象掌握初级核辐射探测仪器制造人员的操作技能。培训完毕，培训对象应掌握初级核辐射探测仪器制造人员的操作技能，能够独立完成操作规程等工艺工作。

4.2　教学内容

4.2.1　生产准备

4.2.1.1　核探测器零部件清洗

（1）佩戴安全防护用具；

（2）开启和关闭通风设施；

（3）识别并存取所用化学药品；

（4）准备原材料及工器具；

（5）按真空卫生标准清洁工作间。

4.2.1.2　核探测器装架

（1）按焊接需要安装点焊头；

（2）准备原材料和工器具；

（3）佩戴安全防护用具；

（4）保持真空卫生；

（5）布置和安排装架零部件位置。

4.2.1.3　核探测气体电离器件涂覆（包括镀液、绝缘漆、导电溶液等）

（1）测量待涂覆电极的尺寸；

（2）穿戴防护服，佩戴个人剂量仪；

（3）清理涂覆支架；

（4）准备化学试剂。

4.2.1.4　核探测器玻璃零部件制作

（1）按要求穿工作服、工作鞋、戴工作帽、防护镜；

（2）准备原材料；

（3）检查生产仪器设备及工器具状态。

4.2.1.5　核探测元件镀膜与活化

（1）穿戴工作服；

（2）开启和关闭真空镀膜设备、发射极活化设备；

（3）测量系统真空度。

4.2.1.6　核探测元件排气

（1）识别、使用各类可燃、助燃和工作气体；

(2）使用高频感应加热设备；
(3）完成探测器与排气系统的封接；
(4）完成探测器的预抽。

4.2.1.7　半导体核探测器制作欧姆接触

(1）按要求配戴安全防护用具；
(2）开启、关闭生产仪器设备；
(3）判断岗位所用物料是否过期失效；
(4）按半导体卫生标准清洁工作间。

4.2.1.8　半导体核探测器腐蚀和封装

(1）按要求配戴安全防护用具；
(2）开启、关闭生产仪器设备；
(3）判断岗位所用物料是否过期失效；
(4）按半导体卫生标准清洁工作间。

4.2.1.9　有机闪烁体原料提纯

(1）准备原材料及器具；
(2）开启、关闭通风、分馏塔等设备；
(3）判别原材料是否能用；
(4）检查分馏塔系统是否正常。

4.2.1.10　有机闪烁体聚合和退火

(1）准备原材料及器具；
(2）开启、关闭通风、聚合炉、控温烤箱等设备；
(3）配制洗液，清洗、烘干聚合容器。

4.2.1.11　热释光元件制备

(1）按要求配戴安全防护用具；
(2）开启、关闭生产仪器设备；

（3）准备原材料和工器具。

4.2.1.12　硫化锌元件制备

（1）准备原材料及器具；

（2）开启、关闭通风、空气压缩机等设备；

（3）清洗基片、模具等。

4.2.1.13　晶体制备

（1）岗位操作规程；

（2）坩埚及陶瓷的物理、化学性能；

（3）晶体生长工艺过程简介；

（4）配制清洗液基础材料及性能。

4.2.1.14　晶体封装

（1）正确使用天平及卡尺等量具；

（2）按要求佩戴好安全防护用具；

（3）准备好本岗位所用物料。

4.2.1.15　整机装接

（1）准备工艺文件规定的电子材料和电子元器件；

（2）制作短接线；

（3）备齐工艺文件规定的核辐射探测仪器；

（4）选用核辐射探测仪器装接用的五金工具。

4.2.2　工艺操作

4.2.2.1　核探测器零部件清洗

（1）配制清洗液；

（2）清洗玻璃零件和金属零部件；

（3）处置报废溶液；

（4）填写生产记录。

4.2.2.2 核探测器装架

（1）检查零部件外观是否合格；

（2）完成栅网加工；

（3）自检与返修；

（4）测量顶盖密封头绝缘性能；

（5）完成拉丝、切割、检查零部件尺寸等装架的前期工作；

（6）完成整管的装架工艺；

（7）填写生产记录。

4.2.2.3 核探测气体电离器件涂覆（包括镀液、绝缘漆、导电溶液等）

（1）磨光和抛光零件；

（2）配制涂覆溶液、绝缘漆、导电溶液；

（3）摆放和装架工件；

（4）电极涂覆前的喷砂和清洗等；

（5）安装和调试电极涂覆设备；

（6）完成涂覆工艺过程；

（7）填写生产记录。

4.2.2.4 核探测器玻璃零部件制作

（1）侧接与对接玻璃等；

（2）切割管壳、制作管壳、封平板、制作芯柱、封接玻璃与金属、封口等；

（3）使用偏光仪判定玻璃应力并消除；

（4）填写生产记录。

4.2.2.5　核探测元件镀膜与活化

（1）完成蒸镀材料称重；

（2）安装工件；

（3）连接管壳蒸铝电极；

（4）更换蒸镀材料；

（5）检漏真空镀膜系统；

（6）活化和蒸镀；

（7）填写生产记录。

4.2.2.6　核探测元件排气

（1）对接、侧接等基本玻璃封接；

（2）真空封离；

（3）排单碱和双碱管；

（4）读取真空度示值及充气压力示值；

（5）真空检漏；

（6）完成排气工艺过程；

（7）从排气台上剪切和焊接探测器；

（8）测试真空度和操作真空阀门；

（9）填写排气记录。

4.2.2.7　半导体核探测器制作欧姆接触

（1）用钻床按图纸要求切割圆晶，并进行清洗；

（2）研磨抛光出符合工艺要求的圆晶，并判断研磨抛光是否合格；

（3）制作电极引线、焊接电极引出，并判断虚焊情况；

（4）存取圆晶，清洗器皿和工具；

（5）填写生产操作记录。

4.2.2.8 半导体核探测器腐蚀和封装

（1）配制四氯化碳、高锰酸钾等化学溶液；

（2）按规定存取所用化学试剂和物料，存取圆晶，并清洗器皿、工具、封装手套和洁净台；

（3）测量去离子水的电阻率，并判断是否符合工艺要求；

（4）按工艺要求进行腐蚀前的涂胶保护和进行腐蚀后的除胶操作；

（5）进行腐蚀操作，并用圆晶清洗设备、洁净台，对腐蚀前和腐蚀后的圆晶进行清洗；

（6）按图纸进行封装操作；

（7）填写生产操作记录。

4.2.2.9 有机闪烁体原料提纯

（1）按工艺要求将化学材料抽入分馏塔；

（2）正确操作分馏塔系统进行分馏；

（3）完成收料和放料；

（4）放出废液，完成洗塔工作；

（5）填写生产操作记录。

4.2.2.10 有机闪烁体聚合和退火

（1）按工艺要求称取化学材料；

（2）加入苯乙烯和发光物；

（3）抽真空、封口；

（4）正确掌握有机闪烁体聚合和退火的基本工艺操作（封口法），用玻璃容器进行 Φ100 mm 以下圆柱形塑料闪烁体的生产操作；

（5）填写生产操作记录。

4.2.2.11　热释光元件制备

（1）清洗晶体，并将原料装炉；

（2）进行碎料操作，并进行筛选；

（3）对磷光体进行退火；

（4）进行混料、热压、粘结操作；

（5）清洗热释光探测器；

（6）填写生产操作记录。

4.2.2.12　硫化锌元件制备

（1）按工艺要求配制化学溶液；

（2）正确使用精密天平；

（3）正确掌握硫化锌元件制备的基本工艺操作（α类），进行α类闪烁体的生产，并达到职业标准规定的成品率或合格率；

（4）填写生产操作记录。

4.2.2.13　晶体制备

（1）配制清洗液；

（2）挑选坩埚、称料、上料；

（3）探测晶体生长及生长界面的计算。

4.2.2.14　晶体封装

（1）配制密封胶；

（2）研磨、抛光出符合工艺要求的晶体；

（3）清洗晶体盒及粘接玻璃窗。

4.2.2.15　整机装接

（1）手工插接印制电路板电子元器件；

（2）插接短连线；
（3）使用焊接工具手工焊接印制电路板；
（4）对电子元器件引线浸锡；
（5）拆焊3个焊脚以下的电子器件。

4.2.3 故障判断与排除

4.2.3.1 核探测器零部件清洗
（1）判断清洗设备是否正常；
（2）判断并排除工作间有毒有害气体及液体泄漏；
（3）使用灭火器。

4.2.3.2 核探测器装架
（1）判断点焊机是否正常工作；
（2）判断焊接是否虚焊。

4.2.3.3 核探测气体电离器件涂覆（包括镀液、绝缘漆、导电溶液等）

用灭火器灭火。

4.2.3.4 核探测器玻璃零部件制作
（1）判断所用设备运转是否正常；
（2）使用灭火器。

4.2.3.5 核探测元件镀膜与活化
（1）判断真空镀膜系统、测试仪表、烘箱和温控仪表工作状态；
（2）处理生产中停水、停电和突然暴露大气等意外事故。

4.2.3.6 核探测元件排气
（1）判断真空系统、测试仪表、烘箱和温控仪表工作状态；

（2）处理生产中停水、停电和突然暴露大气等意外事故。

4.2.3.7 半导体核探测器制作欧姆接触

（1）判断通风设备是否正常；

（2）进行化学废液的处理工作；

（3）判断所用设备是否正常运行。

4.2.3.8 半导体核探测器腐蚀和封装

（1）判断通风设备是否正常；

（2）进行化学废液的处理工作；

（3）判断所用设备是否正常运行。

4.2.3.9 有机闪烁体原料提纯

（1）通过水银真空计看出系统真空度是否正常，如果不正常控制成正常；

（2）知道分馏塔内与塔顶的温度是否正常，如果不正常控制成正常；

（3）判断回流比例是否正常，如果不正常控制成正常。

4.2.3.10 有机闪烁体聚合和退火

（1）在反应太剧烈时，控制好温度，以防爆炸；

（2）在晶体出现气泡反应太慢时，通过控制温度加快气泡的排出；

（3）在有固体析出时，判断发光物是否溶解完全，并使其溶解完全。

4.2.3.11 热释光元件制备

（1）判断通风设备是否正常；

(2) 判断并去除工作间有毒有害气体及液体泄漏；

(3) 使用灭火器灭火。

4.2.3.12　硫化锌元件制备

(1) 判断通风设备是否正常；

(2) 判断空气压缩机、精密天平等仪器设备的故障，并排除；

(3) 使用灭火器灭火。

4.2.3.13　晶体制备

发现故障及时排除或请专业人员排除。

4.2.3.14　晶体封装

(1) 判断通风设备是否正常运行；

(2) 处理化学废液。

4.2.3.15　整机装接

(1) 检查、判断应知电路板元器件插接质量；

(2) 检查、判断应知电路板元器件焊接质量；

(3) 修正焊接、插装缺陷。

4.3　教学建议

教学过程中，技能知识的掌握以“必需、够用”为原则，强调技能的实操。应结合教学模型和实训设备加强技能的演示、操作和案例分析。对于技能所涉及的知识应以提高培训人员的实际动手能力和独立工作的能力为核心，进行综合培训。

中级核辐射探测仪器制造人员
培训计划

1. 培训目标

1.1 总体目标

培训具备以下条件的人员：掌握中级核辐射探测仪器制造人员的基本知识和专业知识，能运用本职业功能操作技能独立完成中级工的操作要求。

1.2 理论知识培训目标

依据《核辐射探测仪器制造人员国家职业标准》中对中级工职业理论知识的要求，通过培训，使培训对象掌握中级核辐射探测仪器制造人员的基础知识和生产准备、工艺操作、故障判断与排除及本职业功能的相关知识。

1.3 操作技能培训目标

依据《核辐射探测仪器制造人员国家职业标准》

中对中级工的操作技能要求，使培训对象掌握中级核辐射探测仪器制造人员的生产准备、工艺操作、故障判断与排除。

2. 教学要求

2.1 理论知识要求

2.1.1 职业道德

2.1.2 基础知识

2.1.3 生产准备

2.1.4 工艺操作

2.1.5 故障判断与排除

2.2 操作技能要求

2.2.1 生产准备

2.2.2 工艺操作

2.2.3 故障判断与排除

3. 教学计划安排

总课时数：200 课时；
理论知识课时：72 课时；

理论知识复习：30 课时；

操作技能课时：32 课时；

操作技能练习：50 课时；

机动课时：16 课时。

中级核辐射探测仪器制造人员培训大纲

1. 课时任务和说明

通过培训，使培训对象掌握中级核辐射探测仪器制造人员的理论知识和所应具备的操作技能。培训完毕，培训对象应掌握中级核辐射探测仪器制造人员的基础知识和理论知识，能够独立完成中级工的技能操作要求。

在教学过程中，应以理论教学为基础，强化操作和基本技能的培训，使培训对象达到培训目标和要求。

2. 课时分配

课时分配表

理论知识部分				操作技能部分			
内容	总课时	授课	复习	内容	总课时	授课	复习
职业道德	8	8	—	职业道德	—	—	—
基础知识	20	12	8	基础知识	—	—	—

续表

理论知识部分						操作技能部分					
内容			总课时	授课	复习	内容			总课时	授课	复习
按职业功能任选一项	核探测器零部件清洗	生产准备	8	6	2	按职业功能任选一项	核探测器零部件清洗	生产准备	12	4	8
		工艺操作	36	26	10			工艺操作	36	14	22
		故障判断与排除	30	20	10			故障判断与排除	34	14	20
	核探测器装架	生产准备	14	10	4		核探测器装架	生产准备	18	6	12
		工艺操作	36	24	12			工艺操作	36	14	22
		故障判断与排除	24	18	6			故障判断与排除	28	12	16
	核探测气体电离器件涂覆（包括镀液、绝缘漆、导电溶液等）	生产准备	14	10	4		核探测气体电离器件涂覆（包括镀液、绝缘漆、导电溶液等）	生产准备	18	6	12
		工艺操作	36	24	12			工艺操作	36	14	22
		故障判断与排除	24	18	6			故障判断与排除	28	12	16
	核探测器玻璃零部件制作	生产准备	14	10	4		核探测器玻璃零部件制作	生产准备	18	6	12
		工艺操作	36	24	12			工艺操作	36	14	22
		故障判断与排除	24	18	6			故障判断与排除	28	12	16
	核探测元件镀膜与活化	生产准备	14	10	4		核探测元件镀膜与活化	生产准备	18	6	12
		工艺操作	36	24	12			工艺操作	36	14	22
		故障判断与排除	24	18	6			故障判断与排除	28	12	16
	核探测元件排气	生产准备	14	10	4		核探测元件排气	生产准备	18	6	12
		工艺操作	36	24	12			工艺操作	36	14	22
		故障判断与排除	24	18	6			故障判断与排除	28	12	16

续表

理论知识部分						操作技能部分					
内容			总课时	授课	复习	内容			总课时	授课	复习
按职业功能任选一项	半导体核探测器制作欧姆接触	生产准备	14	10	4	按职业功能任选一项	半导体核探测器制作欧姆接触	生产准备	18	6	12
		工艺操作	36	24	12			工艺操作	36	14	22
		故障判断与排除	24	18	6			故障判断与排除	28	12	16
	半导体核探测器腐蚀和封装	生产准备	8	6	2		半导体核探测器腐蚀和封装	生产准备	12	4	8
		工艺操作	36	26	10			工艺操作	36	14	22
		故障判断与排除	30	20	10			故障判断与排除	34	14	20
	有机闪烁体原料提纯	生产准备	8	6	2		有机闪烁体原料提纯	生产准备	12	4	8
		工艺操作	36	26	10			工艺操作	36	14	22
		故障判断与排除	30	20	10			故障判断与排除	34	14	20
	有机闪烁体聚合和退火	生产准备	14	10	4		有机闪烁体聚合和退火	生产准备	18	6	12
		工艺操作	36	24	12			工艺操作	36	14	22
		故障判断与排除	24	18	6			故障判断与排除	28	12	16
	热释光元件制备	生产准备	14	10	4		热释光元件制备	生产准备	18	6	12
		工艺操作	36	24	12			工艺操作	36	14	22
		故障判断与排除	24	18	6			故障判断与排除	28	12	16
	硫化锌元件制备	生产准备	8	6	2		硫化锌元件制备	生产准备	12	4	8
		工艺操作	36	26	10			工艺操作	36	14	22
		故障判断与排除	30	20	10			故障判断与排除	34	14	20

续表

理论知识部分						操作技能部分					
内容			总课时	授课	复习	内容			总课时	授课	复习
按职业功能任选一项	晶体制备	生产准备	14	10	4	按职业功能任选一项	晶体制备	生产准备	18	6	12
		工艺操作	36	24	12			工艺操作	36	14	22
		故障判断与排除	24	18	6			故障判断与排除	28	12	16
	晶体封装	生产准备	8	6	2		晶体封装	生产准备	12	4	8
		工艺操作	36	26	10			工艺操作	36	14	22
		故障判断与排除	30	20	10			故障判断与排除	34	14	20
	核探测器元器件测量和检验	生产准备	14	10	4		核探测器元器件测量和检验	生产准备	18	6	12
		工艺操作	36	24	12			工艺操作	36	14	22
		故障判断与排除	24	18	6			故障判断与排除	28	12	16
	整机装接	生产准备	8	6	2		整机装接	生产准备	12	4	8
		工艺操作	36	26	10			工艺操作	36	14	22
		故障判断与排除	30	20	10			故障判断与排除	34	14	20
	整机安装调试	生产准备	8	6	2		整机安装调试	生产准备	12	4	8
		工艺操作	36	26	10			工艺操作	36	14	22
		故障判断与排除	30	20	10			故障判断与排除	34	14	20
	整机检验	生产准备	14	10	4		整机检验	生产准备	18	6	12
		工艺操作	36	24	12			工艺操作	36	14	22
		故障判断与排除	24	18	6			故障判断与排除	28	12	16
机动			8			机动			8		
合计			110	72	30	合计			90	32	50

总课时数：200 课时。

3. 理论知识部分教学要求及内容

3.1 职业道德

3.1.1 教学要求

通过培训，使培训对象掌握职业道德基本知识，以及相关的法律、法规知识，规范从业行为，具备核辐射探测仪器制造人员应有的基本素质。

3.1.2 教学内容

（1）职业道德基本知识；

（2）职业守则。

3.1.3 教学建议

教学重点是应结合爱岗敬业，团队精神，提高员工素质。

3.2 基础知识

3.2.1 教学要求

通过培训，使培训对象掌握中级核辐射探测仪器制造人员的基础知识，了解本职业功能中级工的相关知识。

3.2.2 教学内容

3.2.2.1　基础理论知识

（1）机加工基础；

（2）化学基础知识；

（3）辐射防护基础。

3.2.2.2　专业技术基础知识

（1）核电子学基础；

（2）电气简图用图形符号和机械制图知识；

（3）电离辐射剂量技术基础。

3.2.2.3　安全文明生产知识

（1）放射卫生防护知识；

（2）安全用电知识；

（3）消防安全知识。

3.2.2.4　质量管理知识

（1）岗位质量保证基础知识；

（2）岗位质量控制基础知识。

3.2.2.5　相关法律、法规知识

（1）《中华人民共和国职业病防治法》的相关知识；

（2）《放射工作人员健康管理规定》的相关知识；

（3）《放射性物质安全运输规定》的相关知识。

3.2.3　教学建议

教学重点是掌握相关的基础理论知识。

3.3　生产准备

3.3.1　教学要求

通过培训，使培训对象掌握核辐射探测仪器制造的操作规程、安全操作规程基本知识和中级工的生产准备要求。

3.3.2 教学内容

3.3.2.1 核探测器零部件清洗

（1）机械加工基础知识；

（2）清洗用的仪器设备的性能。

3.3.2.2 核探测器装架

（1）机械加工基础知识；

（2）工艺过程进行质量控制知识；

（3）影响产品质量的因素及处理方法；

（4）高阻计、电容计和击穿仪等测试仪表使用方法。

3.3.2.3 核探测器气体电离器件涂覆（包括镀液、绝缘漆、导电溶液等）

（1）常用化学药品的名称、理化性质、用途、使用和贮存保管方法；

（2）化学溶剂计算方法；

（3）电极喷砂方法；

（4）涂覆支架的安装。

3.3.2.4 核探测器玻璃零部件制作

（1）机械制图基础知识；

（2）模具及加工的基础知识；

（3）生产仪器设备的使用方法。

3.3.2.5 核探测元件镀膜与活化

（1）电工基础知识；

（2）真空镀膜、活化设备的结构。

3.3.2.6　核探测元件排气

（1）电工基础知识；

（2）机械制图基础知识；

（3）光电阴极制造基础知识；

（4）真空的获得和测量的基本方法；

（5）真空机组的结构；

（6）气体成分的作用；

（7）所用气体存放要求；

（8）操作工具配置；

（9）探测器的预排；

（10）整个排气系统的安装和调试。

3.3.2.7　半导体核探测器制作欧姆接触

（1）机械加工基础知识；

（2）镀镍的基础知识；

（3）影响产品质量的因素及处理方法。

3.3.2.8　半导体核探测器腐蚀和封装

（1）机械加工基础知识；

（2）工艺过程进行质量控制知识；

（3）影响产品质量的因素及处理方法。

3.3.2.9　有机闪烁体原料提纯

（1）机械加工基础知识；

（2）真空泵、加热器、分馏塔等设备的结构；

（3）加热器、真空泵、收集器的工作状态及更换和维修。

3.3.2.10　有机闪烁体聚合和退火

（1）机械加工基础知识；

（2）聚合炉、温度表、压力表等仪器设备的结构；

（3）矫正温度表、压力表。

3.3.2.11　热释光元件制备

（1）机械加工基础知识；

（2）激活剂等化学药品的名称、用途及使用方法；

（3）油压机、切片机、结晶炉等设备的结构基础知识。

3.3.2.12　硫化锌元件制备

（1）机械加工基础知识；

（2）超声波清洗仪等仪器设备的结构；

（3）所需的物料器具；

（4）生产操作记录的填写。

3.3.2.13　晶体制备

（1）晶体加工设备及其部件基础知识；

（2）坩埚及陶瓷件成型方法；

（3）热压晶体基础知识；

（4）晶体生长炉制作基础知识。

3.3.2.14　晶体封装

（1）电器和机械设备的结构和使用；

（2）机加工的基础知识。

3.3.2.15　核探测元器件测量和检验

（1）放射源的基础知识；

（2）电子技术基础知识；

（3）机械加工基础知识；

（4）探测器的结构；

（5）核辐射防护的三原则；

（6）分压器、前置放大器等辅助装置的介绍。

3.3.2.16　整机装接

（1）操作工具的基础知识及维护保养；

（2）浸锡设备的基本原理与维护保养。

3.3.2.17　整机安装调试

（1）通用电气安全基础知识、电气设备安全防护要求和电气安全测试设备使用方法；

（2）核辐射探测仪器安装、调试和防护的基础知识；

（3）调试设备、仪器和附件的基本原理与使用方法；

（4）核辐射探测仪器装接基础知识、电气、机械安装识图知识；

（5）核辐射探测仪器安装、调试过程中辐射防护的剂量防护知识。

3.3.2.18　整机检验

（1）常用检验设备的工作原理；

（2）辐射防护基础知识。

3.3.3　教学建议

教学重点为掌握中级工的生产准备知识和安全操作规程。

3.4 工艺操作

3.4.1 教学要求

通过培训，使培训对象掌握中级工的工艺操作基本知识，了解具体操作方法。

3.4.2 教学内容

3.4.2.1 核探测器零部件清洗

（1）电导率仪等仪器设备的性能；

（2）核探测器零部件的清洗方法；

（3）陶瓷及金属零部件的清洗；

（4）核探测器零部件清洗基本工艺操作。

3.4.2.2 核探测器装架

（1）绝缘电阻、电容、击穿电压等测试方法及判断方法；

（2）探测器结构知识；

（3）机械加工识图基础。

3.4.2.3 核探测器气体电离器件涂覆（包括镀液、绝缘漆、导电溶液等）

（1）机械制图基础知识；

（2）涂覆溶液的成分及配制方法；

（3）直流电路的计算；

（4）直流电和交流电的知识；

（5）电工仪表的连接方法；

（6）涂覆电源等仪器设备的性能。

3.4.2.4　核探测器玻璃零部件制作

（1）玻璃与金属的物理化学特性；

（2）真空系统的结构；

（3）碱源制作方法；

（4）机械加工识图基础知识。

3.4.2.5　核探测元件镀膜与活化

（1）真空技术、真空镀膜技术的基础知识；

（2）蒸发材料、加热材料的基础知识；

（3）加热源的更换；

（4）发射极蒸锑、锑环蒸锑的操作工艺；

（5）银镁合金和铜铍合金发射极的活化制作；

（6）镀金操作；

（7）工件的收、转、存放。

3.4.2.6　核探测元件排气

（1）电离室、裂变室、计数管、光电倍增管等类型探测器工艺操作；

（2）气体成分的配比；

（3）工作气体提纯和收集；

（4）拆卸、清洗和安装整个排气系统。

3.4.2.7　半导体核探测器制作欧姆接触

（1）抛光机、钻床等设备的结构及工作原理；

（2）钻床的使用；

（3）半导体核探测器制作欧姆接触的基本工艺操作；

（4）生产操作记录的填写。

3.4.2.8 半导体核探测器腐蚀和封装

（1）化学反应方程式；

（2）保护胶的配制方法；

（3）机械加工识图基础；

（4）生产操作记录的填写。

3.4.2.9 有机闪烁体原料提纯

（1）分馏基础知识；

（2）真空系统基础知识；

（3）分流塔温度的调节方法；

（4）有机闪烁体原料提纯的基本工艺；

（5）生产操作记录的填写。

3.4.2.10 有机闪烁体聚合和退火

（1）聚合反应基础知识；

（2）真空系统基础知识；

（3）冷却水、氮气系统；

（4）有机闪烁体聚合和退火的基本工艺操作（开口法）；

（5）生产操作记录的填写。

3.4.2.11 热释光元件制备

（1）结晶基础知识；

（2）真空系统基础知识；

（3）油压机、切片机、结晶炉等设备的知识操作；

（4）生产报表和记录知识。

3.4.2.12 硫化锌元件制备

（1）质量控制的基本方法；

（2）所需物料计算方法；

（3）硫化锌元件制备的基本工艺操作（α类、双闪类）；

（4）生产操作记录的填写。

3.4.2.13 晶体制备

（1）晶体原材料配比与核性能对应关系；

（2）相关毒品安全操作规程；

（3）温控仪表在结晶过程中的控制原理及使用方法。

3.4.2.14 晶体封装

（1）晶体的基础知识；

（2）反射层的基础知识；

（3）内外封胶性质的基础知识。

3.4.2.15 核探测元器件测量和检验

（1）核探测器产品技术标准；

（2）探测器的常规核电性能测试；

（3）测试仪器、仪表、测试装置等工具的维护保养；

（4）生产数据的统计和分析；

（5）测试结果的分析及探测器等级的判断；

（6）测量记录和生产报表的填写。

3.4.2.16 整机装接

（1）核辐射探测仪器中常用核探测装置的组成、焊接、组装要求及操作；

（2）核辐射探测仪器中功能单元的组成与装配焊接

方法；

（3）正确的核辐射探测仪器中功能单元布线、扎线要求及操作；

（4）自动化插接设备和焊接设备在功能单元装配中的应用；

（5）正确掌握电子元器件的拆焊方法及拆焊操作；

（6）表面贴装元器件识别及手工焊接操作。

3.4.2.17 整机调试安装

（1）核辐射探测仪器基本原理、系统组成及相关电工基础、电子学基本知识；

（2）核辐射探测仪器中常用核探测装置的组成、焊接、组装要求及操作知识；

（3）核辐射探测仪器装接质量检测知识和检测方法；

（4）核辐射探测仪器功能单元的调试、安装知识；

（5）核辐射探测仪器静态参数的设置依据与调整方法；

（6）核辐射探测仪器的技术性能和功能指标的测试与调整；

（7）核辐射探测仪器调试综合技术指标的要求与方法；

（8）核辐射探测仪器电器安全性的测试内容和测试方法；

（9）核辐射探测仪器进行用户操作培训的内容与方法；

（10）核辐射探测仪器安装、调试过程中，调试记录和安装维修记录的填写。

3.4.2.18 整机检验

（1）核仪器与核辐射探测仪器质量检验规则；

（2）核仪器环境试验基本要求与方法；

（3）核仪器检验报告有关要求；

（4）质量保证体系要求。

3.4.3 教学建议

教学重点为掌握中级工的工艺操作知识。

3.5 故障判断与排除

3.5.1 教学要求

通过培训，使培训对象掌握中级工在工艺操作中的故障判断与排除，掌握具体操作方法。

3.5.2 教学内容

3.5.2.1 核探测器零部件清洗

（1）清洗过程中的零部件工艺要求；

（2）所用清洗溶液的基本性质；

（3）工艺操作中出现问题时的解决方法；

（4）有毒、有害废液处理基础知识。

3.5.2.2 核探测器装架

（1）焊接质量的判断，比如脱焊、虚焊等；

（2）导致绝缘不合格的原因；

（3）工艺操作中出现问题时的解决方法。

3.5.2.3 核探测器气体电离器件涂覆（包括镀液、绝缘漆、导电溶液等）

(1) 涂覆电源等仪器设备的故障发现；

(2) 涂覆质量的判断。

3.5.2.4 核探测器玻璃零部件制作

(1) 工艺设备、模具对产品质量的影响及调整方法；

(2) 所用设备、模具的使用方法；

(3) 工艺操作中出现问题时的解决方法；

(4) 影响产品质量的因素及处理方法。

3.5.2.5 核探测元件镀膜与活化

设备工作状态的判断。

3.5.2.6 核探测元件排气

(1) 生产过程中系统是否工作正常的知识；

(2) 停电、停水时的紧急操作；

(3) 真空度抽不高的原因，排除故障方法。

3.5.2.7 半导体核探测器制作欧姆接触

(1) 硅片等级知识；

(2) 所用化学材料的基本性质；

(3) 工艺操作中出现问题时的解决方法。

3.5.2.8 半导体核探测器腐蚀和封装

(1) 涂胶、除胶操作基本知识及操作注意事项；

(2) 所用化学材料的基本性质；

(3) 工艺操作中出现问题时的解决方法。

3.5.2.9 有机闪烁体原料提纯

(1) 生产过程中发生停水、停电、漏气时的应急方法；

（2）温度、压力等指标不正常时的处理方法。

3. 5. 2. 10　有机闪烁体聚合和退火

（1）升温速度的调节；

（2）铝容器密封情况的检查。

3. 5. 2. 11　热释光元件制备

（1）热压模具和切片机的基础知识；

（2）工艺操作中出现问题时的解决方法。

3. 5. 2. 12　硫化锌元件制备

（1）由真空泵、水银压力计等组成的真空测量系统的漏气原因和排除方法；

（2）精密天平常见问题的原因和解决方法。

3. 5. 2. 13　晶体制备

结晶过程中异常现象的判断和排除措施。

3. 5. 2. 14　晶体封装

（1）电器和机械设备的故障判断；

（2）常温晶体封装中出现的问题。

3. 5. 2. 15　核探测元器件测量和检验

（1）测量结果不正常原因的判断及应采取的措施；

（2）仪表的开路、短路、探测器放电等故障的排除；

（3）灭火器的基础知识。

3. 5. 2. 16　整机装接

（1）核辐射探测仪器中核探测装置的工艺技术要求与装配质量检查、判断；

（2）核辐射探测仪器中功能单元的工艺技术要求与装配质量检查、判断；

（3）功能单元中装配质量问题的修正。

3.5.2.17　整机调试安装

（1）核辐射探测仪器中功能单元故障的判断与排除知识；

（2）核辐射探测仪器安装、调试过程中，各种故障的分析判别与排除知识；

（3）核探测器一般故障的判别知识。

3.5.2.18　整机检验

检查常用检验设备正常工作的方法和连配方法。

3.5.3　教学建议

教学重点为掌握工艺操作中出现问题时的解决方法。

4. 操作技能部分教学要求及内容

4.1　教学要求

通过培训，使培训对象掌握中级核辐射探测仪器制造人员操作技能。培训完毕，培训对象应达到中级工的操作技能要求。

4.2 教学内容

4.2.1 生产准备

4.2.1.1 核探测器零部件清洗

(1) 准备各种物料及工器具;

(2) 检查设备的工作状态。

4.2.1.2 核探测器装架

(1) 准备工器具;

(2) 准备零部件。

4.2.1.3 核探测器气体电离器件涂覆（包括镀液、绝缘漆、导电溶液等）

(1) 选择和弯制挂钩、夹具和辅助阳极;

(2) 测试溶液酸碱度;

(3) 安装涂覆支架;

(4) 电极喷砂;

(5) 准备剂量监测和污染测试仪表。

4.2.1.4 核探测器玻璃零部件制作

(1) 准备原材料;

(2) 检查设备的工作状态。

4.2.1.5 核探测元件镀膜与活化

确认真空镀膜系统、发射极活化设备是否符合技术要求。

4.2.1.6 核探测元件排气

(1) 存放所用气体;

(2) 配置操作工具;

（3）进行探测器的预排；

（4）安装和调试整个排气系统。

4.2.1.7 半导体核探测器制作欧姆接触

（1）准备各种物料及工器具；

（2）检查设备的工作状态。

4.2.1.8 半导体核探测器腐蚀和封装

（1）准备各种物料及工器具；

（2）检查设备的工作状态。

4.2.1.9 有机闪烁体原料提纯

（1）准备原材料及器具；

（2）掌握工艺技术参数及指标；

（3）了解分馏塔等设备的性能；

（4）分馏塔、真空泵等主要设备的维修保养知识。

4.2.1.10 有机闪烁体聚合和退火

（1）准备原材料及器具；

（2）掌握工艺技术参数及指标；

（3）了解所用仪器设备的性能；

（4）接通、关闭冷却水、氮气系统；

（5）聚合炉、压力表、温度表等主要仪器设备的维修保养知识。

4.2.1.11 热释光元件制备

（1）准备各种物料及工器具；

（2）制作工装器具；

（3）检查油压机、切片机等设备的工作状态。

4.2.1.12　硫化锌元件制备

（1）准备原材料及器具；

（2）掌握工艺技术参数及指标；

（3）检查超声波等仪器设备是否正常。

4.2.1.13　晶体制备

（1）加工晶体；

（2）掌握坩埚“物、化”特点与晶体生长关系；

（3）选择模具材料。

4.2.1.14　晶体封装

（1）判断仪器设备的工作状态；

（2）掌握各种物料的性质。

4.2.1.15　核探测元器件测量和检验

（1）组装测试所需的分压器、前置放大器等各种辅助装置；

（2）准备辐射防护。

4.2.1.16　整机装接

（1）准备工艺文件规定的电子材料和电子元器件；

（2）制作短接线；

（3）备齐工艺文件规定的核辐射探测仪器；

（4）选用核辐射探测仪器装接用的五金工具。

4.2.1.17　整机调试安装

（1）常用调试设备的使用方法；

（2）常用测量仪器、仪表及附件的使用方法；

（3）对调试不同核辐射探测仪器剂量防护的准备。

4.2.1.18 整机检验

（1）熟悉产品的技术标准和检验方法；

（2）连接检验设备并进行操作。

4.2.2 工艺操作

4.2.2.1 核探测器零部件清洗

（1）用电导率仪检测去离子水是否达到使用要求；

（2）按工艺要求选择零部件清洗方法；

（3）清洗陶瓷和两种以上金属零部件；

（4）用干燥箱等设备对清洗后的零部件烘干。

4.2.2.2 核探测器装架

（1）对工件进行筛选；

（2）配制保护胶、封装胶；

（3）进行外壳尺寸、电极引出线等调整，控制工作间和手套箱的温湿度；

（4）对工艺过程进行质量控制。

4.2.2.3 核探测器气体电离器件涂覆（包括镀液、绝缘漆、导电溶液等）

（1）控制槽温，校正涂覆溶液浓度和酸碱度，调整电流和极板；

（2）配制涂覆溶液；

（3）使用涂覆设备；

（4）涂覆电极；

（5）收集和储存废液。

4.2.2.4 核探测器玻璃零部件制作

（1）操作管壳切割、管壳制作、封平板、芯柱制作、玻璃与金属封接、封口等其中 2 项；

（2）建立玻璃真空系统；

（3）碱源制作；

（4）控制核探测器玻璃零部件的质量。

4.2.2.5　核探测元件镀膜与活化

（1）更换加热源；

（2）发射极蒸锑、锑环蒸锑的生产操作；

（3）银镁合金和铜铍合金发射极的活化工作；

（4）镀金操作；

（5）收、转、存放工件。

4.2.2.6　核探测元件排气

（1）中子电离室、裂变室、光电倍增管等类型探测器的工艺操作；

（2）按工艺进行气体成分的配比；

（3）提纯和收集工作气体；

（4）拆卸、清洗和安装整个排气系统。

4.2.2.7　半导体核探测器制作欧姆接触

（1）按标准区分硅片等级；

（2）配制粘结剂；

（3）按工艺要求配制镀镍液，并进行镀镍操作；

（4）按工艺配制助焊剂，并根据圆晶规格选择对应的电极引出；

（5）填写生产操作记录。

4.2.2.8　半导体核探测器腐蚀和封装

（1）对工件进行筛选；

（2）按工艺配制保护胶、封装胶；

（3）进行外壳尺寸、电极引出线等调整，控制工作间和手套箱的温湿度；

（4）对工艺过程进行质量控制；

（5）填写生产操作记录。

4.2.2.9　有机闪烁体原料提纯

（1）正确操作分馏塔系统；

（2）调节温度；

（3）按工艺流程分流，并保证分馏合格率达到职业标准规定；

（4）填写生产操作记录。

4.2.2.10　有机闪烁体聚合和退火

（1）加入苯乙烯和发光物；

（2）盖上聚合容器的冷却帽，密封后放入聚合池；

（3）通冷却水、氮气；

（4）掌握有机闪烁体聚合和退火的基本工艺操作（开口法），用铝容器生产 ϕ100 mm × 400 mm 的塑料闪烁体；

（5）填写生产操作记录。

4.2.2.11　热释光元件制备

（1）配制激活剂；

（2）进行转化、装炉操作，并去除杂质；

（3）进行渗入激活剂、合成操作，并安装结晶炉的石墨加热器和热反射层；

（4）操作油压机进行热压、切片机进行切片；

（5）对热释光探测器进行退火操作；

（6）填写生产操作记录。

4.2.2.12　硫化锌元件制备

（1）对工件进行筛选；

（2）计算所需物料；

（3）掌握硫化锌元件制备的基本工艺操作（α类、双闪类），进行α类、双闪类闪烁体的生产，并达到职业标准规定的成品率或合格率；

（4）填写生产操作记录。

4.2.2.13　晶体制备

（1）热压模具的拆装、清洗与涂膜；

（2）监测晶体生长过程，认真填写记录。

4.2.2.14　晶体封装

（1）晶体封装的基础知识；

（2）电烤箱、打毛机等设备的操作；

（3）ϕ100 mm 以下常温柱状晶体封装的生产工序。

4.2.2.15　核探测元器件测量和检验

（1）测试探测器常规核电性能；

（2）维护保养测试仪器、仪表、测试装置等测量工具；

（3）统计、分析生产数据；

（4）分析测试结果并判断探测器的等级；

（5）填写测量记录和生产报表。

4.2.2.16　整机装接

（1）手工插接印制电路板电子元器件；

（2）插接短连线；

（3）使用焊接工具手工焊接印制电路板；

（4）对电子元器件引线浸锡；

（5）拆焊3个焊脚以下的电子器件。

4.2.2.17 整机调试安装

（1）选定功能单元的安装、调试；

（2）对安装调试核辐射探测仪器装接质量的检查与检测；

（3）核辐射探测仪器静态参数的设置与调整；

（4）核辐射探测仪器技术性能指标与功能的测试与调整；

（5）为达到技术指标，正确调改元器件参数；

（6）核辐射探测仪器电气安全性测试；

（7）综合调试核辐射探测仪器，使其达到出厂指标要求；

（8）对调试后核辐射探测仪器，完成对用户操作培训；

（9）填写核辐射探测仪器调试记录和安装维修记录。

4.2.2.18 整机检验

（1）按照产品标准的技术要求对功能单元（插道式高压电源、低压电源、单道和探头单元或相同复杂程度的其他产品）进行常规检验；

（2）做常规检验记录，编写常规检验报告；

（3）按照产品标准的技术要求做环境试验；

（4）做环境试验记录，编写环境试验报告。

4.2.3 故障判断与排除

4.2.3.1 核探测器零部件清洗

（1）按工艺要求判断清洗过程中零部件的状态是否正常并解决；

（2）观察清洗过程中清洗溶液的状态并排除异常。

4.2.3.2 核探测器装架

（1）对脱焊、虚焊或绝缘值不高等故障分析可能原因，并加以改正，提高成品率；

（2）找出耐压值不够的可能因素（如真空卫生不够、零件毛刺等），采取纠正措施；

（3）初步了解工艺操作中出现问题时的解决方法。

4.2.3.3 核探测器气体电离器件涂覆（包括镀液、绝缘漆、导电溶液等）

（1）涂覆电源、定时装置等设备故障的发现；

（2）判断涂覆质量。

4.2.3.4 核探测器玻璃零部件制作

（1）判断所用设备、模具的异常情况，并解决；

（2）判断产品不合格的原因，并处理。

4.2.3.5 核探测元器件镀膜与活化

判断生产过程中设备运行是否正常。

4.2.3.6 核探测元件排气

（1）判断生产过程中系统是否正常工作；

（2）进行停电、停水时的紧急操作；

（3）分析真空度抽不高的原因，并排除故障。

4.2.3.7 半导体核探测器制作欧姆接触

(1) 判断粘结不牢固的原因并解决；

(2) 进行停电、停水时的应急操作。

4.2.3.8 半导体核探测器腐蚀和封装

(1) 判断涂胶、除胶操作中的异常情况并解决；

(2) 判断胶过稀、过稠或拉丝的原因并解决；

(3) 发现仪器设备的断路、短路等异常状况。

4.2.3.9 有机闪烁体原料提纯

(1) 在生产过程中发生停水、停电、漏气时采取应急方法；

(2) 在温度、压力等指标不正常时采取措施。

4.2.3.10 有机闪烁体聚合和退火

(1) 通过观察调节升温速度；

(2) 检查铝容器的密封情况。

4.2.3.11 热释光元件制备

(1) 判断模具的状态，并进行维护和检修；

(2) 对切片机进行维护。

4.2.3.12 硫化锌元件制备

(1) 判断由真空泵、水银压力计等组成的真空测量系统的漏气点，并排除；

(2) 判断精密天平常见问题的原因，并排除。

4.2.3.13 晶体制备

掌握生长“过快”、“过慢”、“不长”的处理方法。

4.2.3.14　晶体封装

（1）电器和机械设备简单故障的排除；

（2）处理脱胶、反射层松动异常现象。

4.2.3.15　核探测元器件测量和检验

（1）判断测试过程中测量结果不正常原因，并采取措施；

（2）排除仪表的开路、短路、探测器放电等故障；

（3）使用灭火器灭火。

4.2.3.16　整机装接

（1）检查、判断应知电路板元器件插接质量；

（2）检查、判断应知电路板元器件焊接质量；

（3）修正焊接、插装缺陷。

4.2.3.17　整机调试安装

（1）选定功能单元故障的判断与排除；

（2）选定核辐射探测仪器故障部位的分析、判断；

（3）利用核辐射探测仪器自备功能或方法判断、确认故障，并采用正确方法予以排除；

（4）判断核探测器常见故障。

4.2.3.18　整机检验

判断检验设备的工作状态。

4.3　教学建议

教学过程中，技能知识的掌握以“必需、够用”为原则，强调技能的实操。应结合教学模型和实训设备加强技能的演示、操作和案例分析。对于技能所涉及的知识应以提高培训对象的实际动手能力和独立工作的能力为核心，进行综合培训。

高级核辐射探测仪器制造人员
培训计划

1. 培训目标

1.1　总体目标

培训具备以下条件的人员：掌握高级核辐射探测仪器制造人员的理论知识和专业知识，能运用本职业功能操作技能独立完成高级工的操作要求。

1.2　理论知识培训目标

依据《核辐射探测仪器制造人员国家职业标准》中对高级工理论知识要求，通过培训，使培训对象掌握高级核辐射探测仪器制造人员的理论知识和生产准备、工艺操作、故障判断与排除及本职业功能的相关知识。

1.3　操作技能培训目标

依据《核辐射探测仪器制造人员国家职业标准》中对高级工的操作技能要求，使培训对象掌握高级核辐射探测仪器制造人员的生产准备、工艺操作、故障判断与排除。

2. 教学要求

2.1 理论知识要求

2.1.1 职业道德

2.1.2 基础知识

2.1.3 生产准备

2.1.4 工艺操作

2.1.5 故障判断与排除

2.2 操作技能要求

2.2.1 生产准备

2.2.2 工艺操作

2.2.3 故障判断与排除

3. 教学计划安排

职业标准中规定“高级工要求完成职业功能一至十八中任意一项，达到该项的技能要求，掌握该项的相关知识，同时还能完成另一项初级工的技能要求”。本教学计划安排的培训课时只限于对高级工职业功能任意一项的技能要求和相关知识的培训，不包含对另外任意一项初级工职业功能技能要求的培训。

总课时数：150 课时；

理论知识课时：48 课时；

理论知识复习：24 课时；

操作技能课时：26 课时；

操作技能练习：44 课时；

机动课时：8 课时。

高级核辐射探测仪器制造人员培训大纲

1. 课时任务和说明

通过培训，使培训对象掌握高级核辐射探测仪器制造人员的理论知识和所应具备的操作技能。培训完毕，培训对象应掌握高级工的基础知识和理论知识，能够独立完成高级工的操作要求。

在教学过程中，应以理论教学为基础，强化操作和基本技能的培训，使培训对象通过培训掌握高级工的理论知识和实际操作技能，达到培训目标和要求。

2. 课时分配

课时分配表

理论知识部分				操作技能部分			
内容	总课时	授课	复习	内容	总课时	授课	复习
职业道德	4	4	—	职业道德	—	—	—
基础知识	14	10	4	基础知识	—	—	—

续表

理论知识部分						操作技能部分					
内容			总课时	授课	复习	内容			总课时	授课	复习
按职业功能任选一项	核探测器零部件清洗	生产准备	6	4	2	按职业功能任选一项	核探测器零部件清洗	生产准备	8	4	4
		工艺操作	24	16	8			工艺操作	30	10	20
		故障判断与排除	24	14	10			故障判断与排除	32	12	20
	核探测器装架	生产准备	10	6	4		核探测器装架	生产准备	14	6	8
		工艺操作	24	16	8			工艺操作	30	10	20
		故障判断与排除	20	12	8			故障判断与排除	26	10	16
	核探测气体电离器件涂覆（包括镀液、绝缘漆、导电溶液等）	生产准备	10	6	4		核探测气体电离器件涂覆（包括镀液、绝缘漆、导电溶液等）	生产准备	14	6	8
		工艺操作	24	16	8			工艺操作	30	10	20
		故障判断与排除	20	12	8			故障判断与排除	26	10	16
	核探测器玻璃零部件制作	生产准备	10	6	4		核探测器玻璃零部件制作	生产准备	14	6	8
		工艺操作	24	16	8			工艺操作	30	10	20
		故障判断与排除	20	12	8			故障判断与排除	26	10	16
	核探测元件镀膜与活化	生产准备	10	6	4		核探测元件镀膜与活化	生产准备	14	6	8
		工艺操作	24	16	8			工艺操作	30	10	20
		故障判断与排除	20	12	8			故障判断与排除	26	10	16
	核探测元件排气	生产准备	10	6	4		核探测元件排气	生产准备	14	6	8
		工艺操作	24	16	8			工艺操作	30	10	20
		故障判断与排除	20	12	8			故障判断与排除	26	10	16

续表

理论知识部分						操作技能部分					
内容			总课时	授课	复习	内容			总课时	授课	复习
按职业功能任选一项	半导体核探测器制作欧姆接触	生产准备	10	6	4	按职业功能任选一项	半导体核探测器制作欧姆接触	生产准备	14	6	8
		工艺操作	24	16	8			工艺操作	30	10	20
		故障判断与排除	20	12	8			故障判断与排除	26	10	16
	半导体核探测器腐蚀和封装	生产准备	6	4	2		半导体核探测器腐蚀和封装	生产准备	8	4	4
		工艺操作	24	16	8			工艺操作	30	10	20
		故障判断与排除	24	14	10			故障判断与排除	32	12	20
	有机闪烁体原料提纯	生产准备	6	4	2		有机闪烁体原料提纯	生产准备	8	4	4
		工艺操作	24	16	8			工艺操作	30	10	20
		故障判断与排除	24	14	10			故障判断与排除	32	12	20
	有机闪烁体聚合和退火	生产准备	10	6	4		有机闪烁体聚合和退火	生产准备	14	6	8
		工艺操作	24	16	8			工艺操作	30	10	20
		故障判断与排除	20	12	8			故障判断与排除	26	10	16
	热释光元件制备	生产准备	10	6	4		热释光元件制备	生产准备	14	6	8
		工艺操作	24	16	8			工艺操作	30	10	20
		故障判断与排除	20	12	8			故障判断与排除	26	10	16
	硫化锌元件制备	生产准备	6	4	2		硫化锌元件制备	生产准备	8	4	4
		工艺操作	24	16	8			工艺操作	30	10	20
		故障判断与排除	24	14	10			故障判断与排除	32	12	20

续表

理论知识部分						操作技能部分					
内容			总课时	授课	复习	内容			总课时	授课	复习
按职业功能任选一项	晶体制备	生产准备	10	6	4	按职业功能任选一项	晶体制备	生产准备	14	6	8
		工艺操作	24	16	8			工艺操作	30	10	20
		故障判断与排除	20	12	8			故障判断与排除	26	10	16
	晶体封装	生产准备	6	4	2		晶体封装	生产准备	8	4	4
		工艺操作	24	16	8			工艺操作	30	10	20
		故障判断与排除	24	14	10			故障判断与排除	32	12	20
	核探测器元器件测量和检验	生产准备	10	6	4		核探测器元器件测量和检验	生产准备	14	6	8
		工艺操作	24	16	8			工艺操作	30	10	20
		故障判断与排除	20	12	8			故障判断与排除	26	10	16
	整机装接	生产准备	6	4	2		整机装接	生产准备	8	4	4
		工艺操作	24	16	8			工艺操作	30	10	20
		故障判断与排除	24	14	10			故障判断与排除	32	12	20
	整机安装调试	生产准备	6	4	2		整机安装调试	生产准备	8	4	4
		工艺操作	24	16	8			工艺操作	30	10	20
		故障判断与排除	24	14	10			故障判断与排除	32	12	20
	整机检验	生产准备	10	6	4		整机检验	生产准备	14	6	8
		工艺操作	24	16	8			工艺操作	30	10	20
		故障判断与排除	20	12	8			故障判断与排除	26	10	16
机动			4			机动			4		
合计			76	48	24	合计			74	26	44

总课时数：150 课时。

3. 理论知识部分教学要求及内容

3.1 职业道德

3.1.1 教学要求

通过培训，使培训对象掌握职业道德基本知识，以及相关的法律、法规知识，规范从业行为，具备核辐射探测仪器制造人员应有的基本素质。

3.1.2 教学内容

（1）职业道德基本知识；

（2）职业守则。

3.1.3 教学建议

教学重点是应结合爱岗敬业，团队精神，保守商业秘密，提高员工素质。

3.2 基础知识

3.2.1 教学要求

通过培训，使培训对象掌握高级核辐射探测仪器制造人员的理论知识，了解本职业功能的相关知识。

3.2.2 教学内容

3.2.2.1 基础理论知识

（1）机加工基础；

（2）化学基础；

(3) 辐射防护基础。

3.2.2.2　专业技术基础知识

(1) 核电子学基础;

(2) 电气简图用图形符号和机械制图知识;

(3) 电离辐射剂量技术基础。

3.2.2.3　安全文明生产知识

(1) 放射卫生防护知识;

(2) 安全用电知识;

(3) 消防安全知识。

3.2.2.4　质量管理知识

(1) 岗位质量保证基础知识;

(2) 岗位质量控制基础知识。

3.2.2.5　相关法律、法规知识

(1)《中华人民共和国职业病防治法》的相关知识;

(2)《放射工作人员健康管理规定》的相关知识;

(3)《放射性物质安全运输规定》的相关知识。

3.2.3　教学建议

教学重点为了使高级工掌握与核相关的基础理论知识，授课时要结合本职业功能实际情况讲解。

3.3　生产准备

3.3.1　教学要求

通过培训，使培训对象掌握本职业功能高级工的操作规程、安全操作规程基本知识与高级工的生产准备要求。

3.3.2 教学内容

3.3.2.1 核探测器零部件清洗

（1）清洗设备的性能；

（2）核探测器及其零部件材料的基础知识；

（3）机械制图基础知识；

（4）影响产品质量的因素及处理方法。

3.3.2.2 核探测器装架

（1）工艺技术参数及指标；

（2）机械制图基础知识；

（3）影响产品质量的因素及处理方法。

3.3.2.3 核探测气体电离器件涂覆（包括镀液、绝缘漆、导电溶液等）

（1）涂覆电源、辐射防护仪表等仪器设备的维修保养知识；

（2）涂覆电极的阴极和阳极的性质；

（3）有机、有毒、有害、放射性废液的处理方法。

3.3.2.4 核探测器玻璃零部件制作

（1）工艺技术参数及指标；

（2）机械制图基础知识；

（3）操作工具和模具的配置知识。

3.3.2.5 核探测元件镀膜与活化

（1）机械制图基础知识；

（2）真空镀膜设备和发射极活化设备基础知识；

（3）工序生产计划的编制。

3.3.2.6　核探测元件排气

（1）机械制图基础知识；

（2）电工基础知识；

（3）工作气体的作用和提纯原理；

（4）放射性基础知识和防护知识；

（5）排气系统、压力指示仪表等仪器设备的维修保养知识；

（6）辅助排气装置的设计、制作；

（7）排气系统的装接。

3.3.2.7　半导体核探测器制作欧姆接触

（1）工艺技术参数及指标；

（2）机械制图基础知识；

（3）影响产品质量的因素及处理方法。

3.3.2.8　半导体核探测器腐蚀和封装

（1）工艺技术参数及指标；

（2）机械制图基础知识；

（3）影响产品质量的因素及处理方法。

3.3.2.9　有机闪烁体原料提纯

（1）工艺技术参数及指标；

（2）有机提纯基础知识；

（3）化工工艺基础知识；

（4）真空系统结构；

（5）分馏塔等主要设备的维修保养知识。

3.3.2.10　有机闪烁体聚合和退火

（1）工艺技术参数及指标；

（2）机械制图基础知识；

（3）化工工艺基础知识；

（4）影响产品质量的因素及处理方法；

（5）聚合炉、压力表、温度表等主要仪器设备的维修保养知识。

3.3.2.11　热释光元件制备

（1）工艺技术参数及指标；

（2）机械制图基础知识；

（3）粘结剂的配制方法；

（4）影响产品质量的因素及处理方法。

3.3.2.12　硫化锌元件制备

（1）工艺技术参数及指标；

（2）机械制图基础知识；

（3）硫化锌闪烁体基础知识；

（4）空气压缩机、真空泵等主要仪器设备的维修保养知识。

3.3.2.13　晶体制备

（1）结晶过程工艺参数制定原则；

（2）晶体外观结构常识，异常结构特性；

（3）机械图纸识别常识；

（4）工艺曲线绘制基础知识。

3.3.2.14　晶体封装

（1）岗位操作规程、安全操作规程；

（2）封装工艺技术要求及标准。

3. 3. 2. 15　核探测元器件测量和检验

（1）核物理基础知识；

（2）辐射防护基础知识及 γ 辐射的防护。

3. 3. 2. 16　整机装接

（1）核辐射探测仪器整机系统组成及主要部分的作用；

（2）核辐射探测仪器整机安装工艺知识；

（3）电子元器件功能与电子零部件的检验知识；

（4）各种核辐射探测仪器的工艺要求与检修方法；

（5）核辐射探测仪器的检修方法与预处理；

（6）核辐射探测仪器整机装配工具与工装选用知识。

3. 3. 2. 17　整机调试安装

（1）电磁兼容与电磁干扰的基础知识；

（2）整机测量使用仪器、仪表、转接件及附件的连接与使用知识；

（3）核辐射探测仪器标定用放射源的防护与使用知识。

3. 3. 2. 18　整机检验

（1）产品涉及的法律法规要求；

（2）电离辐射剂量基础知识。

3. 3. 3　教学建议

教学重点为掌握高级工的生产准备知识和安全操作规程。

3.4 工艺操作

3.4.1 教学要求

通过培训，使培训对象掌握高级工工艺操作基本知识，了解具体操作方法。

3.4.2 教学内容

3.4.2.1 核探测器零部件清洗

（1）清洗用的仪器设备的维修保养知识；

（2）探测器元件的基础知识；

（3）核探测器零部件材料的基础知识；

（4）核探测器零部件清洗的基本工艺。

3.4.2.2 核探测器装架

（1）核探测器结构知识；

（2）机械制图基础知识；

（3）超净间使用与维护知识；

（4）生产数据统计、分析知识。

3.4.2.3 核探测气体电离器件涂覆（包括镀液、绝缘漆、导电溶液等）

（1）提高涂覆溶液的混合程度的方法；

（2）涂覆电极质量的判断；

（3）涂覆溶液的废液处理和放射性废液的储存；

（4）化学药品造成污染的去除方法；

（5）放射性核素造成污染的处理方法；

（6）涂覆工艺。

3.4.2.4　核探测器玻璃零部件制作

(1) 灯工制作的基础知识；

(2) 探测器元件的基础知识；

(3) 玻璃与金属封接的基础知识；

(4) 电真空玻璃的基础知识。

3.4.2.5　核探测元件镀膜与活化

(1) 电真空材料基础知识；

(2) 二次电子发射机制；

(3) 核辐射探测仪器的基础知识；

(4) 工装、模具和生产用具的改进方法；

(5) 蒸发材料状态的鉴别；

(6) 膜层厚度的控制；

(7) 铜铍合金、银镁合金零件在活化过程中状态的鉴别；

(8) 技术总结的编写。

3.4.2.6　核探测元件排气

(1) 探测器的排气操作工艺；

(2) 被排探测器的电压、坪特性等性能测试；

(3) 不同气体组分的配比；

(4) 氯气、溴气等工作气体的制取和提纯。

3.4.2.7　半导体核探测器制作欧姆接触

(1) 钻床、焊台等设备的维修保养知识；

(2) 探测器元件的基础知识；

(3) 半导体核探测器制作欧姆接触的基本工艺；

(4) 生产操作记录的填写。

3.4.2.8　半导体核探测器腐蚀和封装

（1）防潮封装结构的操作知识；

（2）探测器元件的基础知识；

（3）腐蚀、圆晶清洗等设备的维修保养知识；

（4）生产数据统计、分析知识。

3.4.2.9　有机闪烁体原料提纯

（1）生产工艺系统基础知识；

（2）探测器元件的基础知识；

（3）有机闪烁体原料提纯的基本工艺操作；

（4）生产操作记录的填写。

3.4.2.10　有机闪烁体聚合和退火

（1）生产工艺系统基础知识；

（2）探测器元件的基础知识；

（3）有机闪烁体聚合和退火的基本工艺操作（封口法、开口法）；

（4）生产操作记录的填写。

3.4.2.11　热释光元件制备

（1）探测器元件的基础知识；

（2）结晶基础知识；

（3）结晶炉、液压炉等主要设备的维修保养知识；

（4）生产分析统计知识。

3.4.2.12　硫化锌元件制备

（1）生产工艺系统基础知识；

（2）探测器元件的基础知识；

（3）正确掌握硫化锌元件制备的基本工艺操作（α

类、双闪类、中子类）；

（4）生产操作记录的填写。

3.4.2.13　晶体制备

（1）不同产品工艺操作规程；

（2）有毒废水的处理方法；

（3）异常晶体外观分析。

3.4.2.14　晶体封装

（1）晶体封装的方法；

（2）晶体的化学结构和物理性质的知识；

（3）生产设备的维修保养知识。

3.4.2.15　核探测元件测量和检验

（1）高阻计、电容计、兆欧表、小电流计、单道谱仪系统等二次仪表的使用方法；

（2）常用测量工艺设备的安装、调试及仪器的校准；

（3）同一种类的多种型号探测器的测量工艺；

（4）线性和分辨率的测试工作；

（5）探测器抽测项目的测试；

（6）探测器元件的生产情况；

（7）影响质量因素的分析。

3.4.2.16　整机装接

（1）核辐射探测仪器整机机械装配与功能单元的检查知识；

（2）核辐射探测仪器整机线扎图绘制与电器连接知识；

（3）绝缘电线、电缆型号和用途知识；

（4）核辐射探测仪器用屏蔽电缆和特种电缆的装接知识；

（5）安装、焊接核探测装置的操作知识；

（6）自动化焊接设备原理与维修知识。

3.4.2.17　整机调试安装

（1）微机工作原理及应用知识；

（2）核辐射探测仪器工作原理知识；

（3）核辐射探测仪器的基础知识与安全防护要求；

（4）核辐射探测仪器调试安装知识；

（5）核辐射探测仪器剂量刻度的原理与剂量刻度方法；

（6）核辐射探测仪器改装的基本知识与要求；

（7）核辐射探测仪器进行用户工作原理培训的内容与方法。

3.4.2.18　整机检验

（1）微机原理；

（2）计算机语言基础知识。

3.4.3　教学建议

教学重点为掌握高级工的工艺操作知识。

3.5　故障判断与排除

3.5.1　教学要求

通过培训，使培训对象掌握高级工在工艺操作中的故障判断与排除，掌握具体操作方法。

3.5.2 教学内容

3.5.2.1 核探测器零部件清洗

（1）产品质量统计知识；

（2）清洗设备运行中的问题及排除方法；

（3）工艺操作中出现问题时的解决方法。

3.5.2.2 核探测器装架

（1）产品质量统计方法；

（2）点焊机等设备的维修保养知识；

（3）工艺操作中出现问题时的解决方法。

3.5.2.3 核探测气体电离器件涂覆（包括镀液、绝缘漆、导电溶液等）

（1）涂覆电源等仪器设备的故障处理；

（2）涂覆质量不佳的原因分析和纠正措施。

3.5.2.4 核探测器玻璃零部件制作

（1）压力表、模具等仪器设备维护保养知识；

（2）玻璃零部件制作的基础知识；

（3）工艺操作中出现问题时的解决方法。

3.5.2.5 核探测元件镀膜与活化

（1）真空设备的维修保养知识；

（2）生产设备状态的判断与故障排除。

3.5.2.6 核探测元件排气

（1）充气后的探测器是否合格的判断方法；

（2）有毒有害气体的隔离；

（3）气体泄漏部件的判断及处理方法。

3.5.2.7 半导体核探测器制作欧姆接触

（1）产品质量统计知识；

（2）化学材料的基本性质；

（3）工艺操作中出现问题时的解决方法。

3.5.2.8 半导体核探测器腐蚀和封装

（1）产品质量统计知识；

（2）所用化学材料的基本性质；

（3）工艺操作中出现问题时的解决方法。

3.5.2.9 有机闪烁体原料提纯

分流系统的各个组成部分产生故障及排除。

3.5.2.10 有机闪烁体聚合和退火

（1）大圆柱和大板型闪烁体的用料的判断；

（2）反应时间的控制。

3.5.2.11 热释光元件制备

（1）设备运行中的问题及故障解决方面的知识；

（2）产品不合格原因的分析；

（3）工艺操作中出现问题时的解决方法。

3.5.2.12 硫化锌元件制备

（1）双闪制作过程中，外观不合格产生问题的原因和解决方法；

（2）双闪制作过程中，性能不合格产生问题的原因和解决方法。

3.5.2.13 晶体制备

（1）常规设备故障现象；

（2）工艺过程中异常现象及不同时间段排除方法。

3.5.2.14　晶体封装

（1）异形、高温晶体封装过程中的异常现象的判断及排除方法；

（2）设备运行故障的判断及排除方法。

3.5.2.15　核探测元器件测量和检验

（1）前置放大器、电源等设备和工具的维修保养知识；

（2）放射性物质安全管理；

（3）探测器性能缺陷原因的分析；

（4）常用仪器设备故障的分析和排除方法。

3.5.2.16　整机装接

（1）核辐射探测仪器整机装接故障的检查、判断与修正；

（2）核辐射探测仪器中功能单元故障的检测、判断与修正；

（3）核探测装置的检测与修正。

3.5.2.17　整机调试安装

（1）核辐射探测仪器安装、调试过程中，各种故障的分析判别与排除知识；

（2）核探测器故障分析判别与排除知识。

3.5.2.18　整机检验

计算机常见故障及简单处理方法。

3.5.3　教学建议

教学重点为高级工在工艺操作中出现问题时的解决方法。

4. 操作技能部分教学要求及内容

4.1 教学要求

通过培训，使培训对象掌握高级核辐射探测仪器制造人员的操作技能。培训完毕，培训对象应达到高级工的操作技能。

4.2 教学内容

4.2.1 生产准备

4.2.1.1 核探测器零部件清洗

(1) 配置操作工具；

(2) 判断清洗设备是否正常运行。

4.2.1.2 核探测器装架

(1) 进行本工序质量控制；

(2) 提出或设计出装架工模具、夹具、卡具；

(3) 设计点焊头。

4.2.1.3 核探测气体电离器件涂覆（包括镀液、绝缘漆、导电溶液等）

(1) 安装、调试涂覆设备；

(2) 掌握阳极材料及其质量要求；

(3) 电极喷砂。

4.2.1.4 核探测器玻璃零部件制作

(1) 准备玻璃零部件的生产；

(2) 配置操作工具和模具；

（3）绘制机械零件图。

4.2.1.5　核探测元件镀膜与活化

（1）维护真空镀膜设备和发射极活化设备；

（2）编制工序生产计划。

4.2.1.6　核探测元件排气

（1）设计、制作辅助排气装置；

（2）装接排气系统。

4.2.1.7　半导体核探测器制作欧姆接触

（1）配置操作工具和模具；

（2）编制圆晶的切割、研磨方案；

（3）制定镀镍操作流程。

4.2.1.8　半导体核探测器腐蚀和封装

（1）配置操作工具和模具；

（2）编制腐蚀和封装操作方案。

4.2.1.9　有机闪烁体原料提纯

（1）准备原材料及器具；

（2）检查分馏塔等设备是否正常；

（3）对有机样品分馏前后做化学处理或进行吸附、萃取等提纯。

4.2.1.10　有机闪烁体聚合和退火

（1）准备原材料及器具；

（2）检查聚合池等设备是否正常；

（3）检查并准备水、电、油、氮气等；

（4）检查铝容器、铝帽、冷却水有无漏水、漏气；

（5）用水银温度计校正温度。

4.2.1.11 热释光元件制备

（1）绘制机械简图；

（2）配置操作工具和模具。

4.2.1.12 硫化锌元件制备

（1）准备原材料及器具；

（2）对所用材料、零部件及半成品进一步筛选，提出不合格品；

（3）绘制加工件图纸。

4.2.1.13 晶体制备

（1）工艺曲线绘制方法；

（2）有毒气体、液体及废物的处理知识；

（3）生产设备保养知识；

（4）晶体生长方法基础知识。

4.2.1.14 晶体封装

（1）机械制图知识；

（2）有毒气体、液体及废物的处理知识。

4.2.1.15 核探测元器件测量和检验

（1）维修生产仪器设备和工具；

（2）γ 辐射的防护。

4.2.1.16 整机装接

（1）检测常用电子零部件；

（2）检测核探测器状态；

（3）根据整机装配选用使用的工装。

4.2.1.17 整机调试安装

（1）选定核辐射探测仪器整机系统测量用仪器、仪表、转接件及附件的系统连接和辐射防护的设置；

（2）标定放射源的防护与使用。

4.2.1.18 整机检验

（1）熟悉产品的技术标准和检验方法；

（2）连接检验设备并进行操作。

4.2.2 工艺操作

4.2.2.1 核探测器零部件清洗

（1）安装调试清洗设备；

（2）按工艺要求控制产品质量；

（3）按工艺要求清洗核探测器零部件；

（4）对产品质量进行统计。

4.2.2.2 核探测器装架

（1）按产品图纸要求进行新管型试装；

（2）绘制工装简图，制作辅助工装器具；

（3）独立完成两种以上探测器的装架工艺；

（4）完成阳极多丝钩挂操作；

（5）写出不同材料、不同厚度零件的点焊规范。

4.2.2.3 核探测气体电离器件涂覆（包括镀液、绝缘漆、导电溶液等）

（1）提高涂覆溶液的混合程度；

（2）判断涂覆电极质量；

（3）处理涂覆溶液的废液和储存放射性废液；

（4）去除化学药品造成的污染；

（5）处理放射性核素造成的污染；

（6）保证涂覆合格率在80%以上。

4.2.2.4 核探测器玻璃零部件制作

（1）制作3种玻璃零部件；

（2）保养工具、模具设备；

（3）制作冷井、撞针及丁字接头。

4.2.2.5 核探测元件镀膜与活化

（1）提出工装、模具和生产用具的改进方法；

（2）鉴别蒸发材料状态；

（3）控制膜层厚度；

（4）鉴别铜铍合金、银镁合金零件在活化过程中的状态；

（5）编写技术总结。

4.2.2.6 核探测元件排气

（1）完成探测器操作工艺，并达到质量要求，成品率在85%以上；

（2）用放射源对被排探测器进行电压、坪特性等性能测试；

（3）进行不同气体组分的配比；

（4）制取和提纯氯气、溴气等工作气体。

4.2.2.7 半导体核探测器制作欧姆接触

（1）研磨、切割非标准型号的圆晶；

（2）维修和保养钻床、焊台等设备和工具，并能制作辅助工具；

（3）对非标准型号的圆晶进行镀镍；

（4）研磨小于500 μm厚度的圆晶薄片，并能进行镀镍工序的操作；

（5）研磨直径大于 80 mm 的圆晶，并能进行镀镍工序的操作和制作电极引出；

（6）分析镀镍质量缺陷，能根据溶液浓度、化学纯度、酸碱性、温度、时间、化学反应剧烈程度等因素找出主要原因，采取纠正措施，达到质量要求，提高效率；

（7）对产品质量进行统计。

4.2.2.8 半导体核探测器腐蚀和封装

（1）对所用材料、零部件进一步筛选，剔除不合格品；

（2）对非标准型号圆晶进行腐蚀封装操作，并提出改进方案；

（3）腐蚀直径大于 80 mm 的圆晶，并能进行封装工序的操作；

（4）进行防潮封装结构的操作；

（5）维修和保养腐蚀设备、圆晶清洗设备等常用设备和工具；

（6）对生产数据进行统计、分析。

4.2.2.9 有机闪烁体原料提纯

（1）完成分馏、洗塔工操作；

（2）进行各种型号产品的配料操作；

（3）正确掌握有机闪烁体原料提纯的基本工艺操作；

（4）提出纯度达 99.99%、透光度 2 m 以上的单体，并能用折光仪进行测量；

（5）填写生产操作记录。

4.2.2.10　有机闪烁体聚合和退火

（1）加入苯乙烯和发光物；

（2）把铝容器放入夹板或拖板架中；

（3）用吊车把容器吊放到聚合池中，接通氮气和冷却水；

（4）正确掌握有机闪烁体聚合和退火的基本工艺操作（封口法和开口法）；

（5）用铝容器进行 ϕ1 000 mm 和 1 000 mm 大板全部生产操作；

（6）填写生产操作记录。

4.2.2.11　热释光元件制备

（1）计算、分析所配制溶液的化学成分；

（2）挑选合格的磷光体；

（3）根据油压机工作状态对其进行调整；

（4）配制粘结剂；

（5）对生产产品质量进行统计分析。

4.2.2.12　硫化锌元件制备

（1）计算所需物料；

（2）正确掌握硫化锌元件制备的基本工艺操作（α 类、双闪类、中子类），进行 α 类、双闪类、中子类闪烁体的生产，并达到职业标准规定的成品率或合格率；

（3）设计和生产超大、异形的闪烁体；

（4）对一些不合格品采取补救措施，使其达到产品标准要求，成为合格品；

（5）填写生产操作记录。

4.2.2.13　晶体制备

（1）根据实验记录，绘制工艺曲线；

（2）根据实验记录，计算不同时间段晶体生长面的位置。

4.2.2.14　晶体封装

（1）封装 ϕ100 mm 以上大型常温、异形及高温晶体的知识；

（2）工具和设备的维修。

4.2.2.15　核探测元器件测量和检验

（1）安装、调试常用测量工艺设备；

（2）测量同一种类的多种型号探测器；

（3）校准测试仪器设备；

（4）测试线性和分辨率；

（5）测试探测器抽测项目；

（6）总结探测器元件的生产情况；

（7）分析影响质量因素。

4.2.2.16　整机装接

（1）安装、焊接 3 种以上核探测装置；

（2）依据整机机械装配图、工艺图绘制真机线扎图；

（3）按照工艺图要求装接屏蔽电缆和特种电缆；

（4）检查整机系统中的功能单元；

（5）实施整机系统的电气连接；

（6）自动化装接设备的维修。

4.2.2.17 整机调试安装

（1）选定核辐射探测仪器整机系统的安装、调试；

（2）核辐射探测仪器的剂量刻度；

（3）根据需要改装核辐射探测仪器；

（4）对选定核辐射探测仪器进行工作原理培训。

4.2.2.18 整机检验

（1）按照产品标准的技术要求对智能台式整机（FJ428多用辐射仪、BH3103X-γ计量率仪、FH463B定标器、带探头的γ测量装置或相同复杂程度的其他产品）进行常规检验；

（2）做常规检验记录，编写常规检验报告；

（3）按照产品标准的技术要求做环境试验；

（4）做环境试验记录，编写环境试验报告。

4.2.3 故障判断与排除

4.2.3.1 核探测器零部件清洗

（1）判断设备运行中的问题，并排除故障；

（2）分析影响产品质量的因素并提出解决办法。

4.2.3.2 核探测器装架

（1）判断焊接设备运行中的问题，并排除；

（2）判断质量事故隐患，并采取预防措施。

4.2.3.3 核探测气体电离器件涂覆（包括镀液、绝缘漆、导电溶液等）

（1）处理涂覆电源等仪器设备的故障；

（2）分析涂覆质量不佳的原因并采取纠正措施。

4. 2. 3. 4　核探测器玻璃零部件制作

（1）修复生产中的次品；

（2）判断设备、模具出现的问题，并排除故障。

4. 2. 3. 5　核探测元件镀膜与活化

（1）维修保养生产设备；

（2）判断生产设备的状态并排除故障。

4. 2. 3. 6　核探测元件排气

（1）判断充气后的探测器是否合格；

（2）进行有毒有害气体的隔离；

（3）判断气体泄漏的部件并进行处理。

4. 2. 3. 7　半导体核探测器制作欧姆接触

（1）判断设备运行中的问题，并排除故障；

（2）判断镀层质量情况，分析不合格原因，采取改进措施。

4. 2. 3. 8　半导体核探测器腐蚀和封装

（1）判断出现的腐蚀、麻点、封装胶固化变形等缺陷，并排除；

（2）判断设备运行中的问题，并能排除故障。

4. 2. 3. 9　有机闪烁体原料提纯

对整个分流提纯系统拆卸、组合、使其正常工作。

4. 2. 3. 10　有机闪烁体聚合和退火

（1）判断大圆柱和大板型闪烁体的用料，保证成品率在97%以上；

（2）严格控制反应时间。

4.2.3.11 热释光元件制备

（1）判断设备运行中的问题，并排除故障，如切片机声音异常，应及时关掉电源，待机器停稳后，用内螺扳手紧固刀具；

（2）控制原料制备工艺，对每道工序进行检查，并分析不合格原因，采取改进措施。

4.2.3.12 硫化锌元件制备

（1）判断双闪制作过程中，外观不合格产生问题的原因，在以后的工作中采取纠正措施；

（2）判断双闪制作过程中，性能不合格产生问题的原因，在以后的工作中采取纠正措施。

4.2.3.13 晶体制备

（1）依据不同故障现象，准确排除；

（2）依据晶体生长面位置，排除不良影响。

4.2.3.14 晶体封装

（1）判断晶体封装用手套箱是否干燥；

（2）判断并排除生产工艺系统中的故障。

4.2.3.15 核探测元器件测量和检验

（1）判断探测器性能是否满足使用要求，并分析可能产生性能缺陷的原因；

（2）判断测试检验过程中所用仪器设备出现的故障并排除；

（3）防止放射性事故发生。

4.2.3.16 整机装接

（1）整机装接故障的检查、判断、修正；

（2）核探测装置的检测、修正；

（3）检修屏蔽电缆和特种电缆；

（4）功能单元故障的检测、判断、修正。

4. 2. 3. 17　整机调试安装

对选定核辐射探测仪器的故障进行分析、判断，并排除故障。

4. 2. 3. 18　整机检验

（1）检查整机连接和工作状态；

（2）检查检验设备，判断检验设备的工作状态。

4. 3　教学建议

教学过程中，技能知识的掌握以“必需、够用”为原则，强调技能的实操。应结合教学模型和实训设备加强技能的演示、操作和案例分析。对于技能所涉及的知识应以提高培训对象的实际动手能力和独立工作的能力为核心，进行综合培训。

核辐射探测仪器制造人员
技师培训计划

1. 培训目标

1.1 总体目标

培训具备以下条件的人员：掌握核辐射探测仪器制造人员技师的基本知识和专业知识，能运用本职业功能操作技能独立完成技师的操作要求。能指导初、中、高级工进行实际操作，能编写有关技术文件。

1.2 理论知识培训目标

依据《核辐射探测仪器制造人员国家职业标准》中对技师的理论知识要求，通过培训，使培训对象掌握技师的基础知识和生产准备、工艺操作、故障判断与排除及培训与指导和管理知识。

1.3 操作技能培训目标

依据《核辐射探测仪器制造人员国家职业标准》

中对技师的操作技能要求，使培训对象掌握技师的生产准备、工艺操作、故障判断与排除及培训与指导和管理知识，能指导初、中、高级工的实际工作。

2. 教学要求

2.1 理论知识要求

2.1.1 职业道德

2.1.2 基础知识

2.1.3 生产准备

2.1.4 工艺操作

2.1.5 故障判断与排除

2.1.6 培训与指导

2.1.7 管理

2.2 操作技能要求

2.2.1 生产准备

2.2.2 工艺操作

2.2.3 故障判断与排除

2.2.4 培训与指导

2.2.5 管理

3. 教学计划安排

职业标准中规定“技师要求完成职业功能一至十二中任意一项，达到该项的技能要求，掌握该项的相关知识，同时还能完成另外任意三项中级工的技能要求”。本教学计划安排的培训课时只限于对技师职业功能任意一项的技能要求和相关知识的培训，不包含对另外任意三项中级工职业功能技能要求的培训。

总课时数：120 课时；

理论知识课时：36 课时；

理论知识复习：20 课时；

操作技能课时：20 课时；

操作技能练习：36 课时；

机动课时：8 课时。

核辐射探测仪器制造人员
技师培训大纲

1. 课时任务和说明

通过培训，使培训对象掌握核辐射探测仪器制造人员技师的理论知识和所应具备的操作技能。培训完毕，培训对象应掌握核辐射探测仪器制造人员技师的理论知识和工艺操作技能与工艺技术管理知识。

在教学过程中，应以理论教学为基础，强化操作和基本技能的培训，使培训对象通过培训掌握技师的理论知识和实际操作技能，达到培训目标和要求。

2. 课时分配

课时分配表

理论知识部分				操作技能部分			
内容	总课时	授课	复习	内容	总课时	授课	复习
职业道德	4	4	—	职业道德	—	—	—
基础知识	10	6	4	基础知识	—	—	—

续表

理论知识部分						操作技能部分					
内容			总课时	授课	复习	内容			总课时	授课	复习
按职业功能任选一项	核探测器装架	生产准备	6	4	2	按职业功能任选一项	核探测器装架	生产准备	8	2	6
		工艺操作	18	12	6			工艺操作	24	8	16
		故障判断与排除	10	6	4			故障判断与排除	16	6	10
		培训与指导	4	2	2			培训与指导	4	2	2
		管理	4	2	2			管理	4	2	2
	核探测气体电离器件涂覆（包括镀液、绝缘漆、导电溶液等）	生产准备	6	4	2		核探测气体电离器件涂覆（包括镀液、绝缘漆、导电溶液等）	生产准备	8	2	6
		工艺操作	18	12	6			工艺操作	24	8	16
		故障判断与排除	10	6	4			故障判断与排除	16	6	10
		培训与指导	4	2	2			培训与指导	4	2	2
		管理	4	2	2			管理	4	2	2
	核探测器玻璃零部件制作	生产准备	6	4	2		核探测器玻璃零部件制作	生产准备	8	2	6
		工艺操作	18	12	6			工艺操作	24	8	16
		故障判断与排除	10	6	4			故障判断与排除	16	6	10
		培训与指导	4	2	2			培训与指导	4	2	2
		管理	4	2	2			管理	4	2	2
	核探测元件镀膜与活化	生产准备	6	4	2		核探测元件镀膜与活化	生产准备	8	2	6
		工艺操作	18	12	6			工艺操作	24	8	16
		故障判断与排除	10	6	4			故障判断与排除	16	6	10
		培训与指导	4	2	2			培训与指导	4	2	2
		管理	4	2	2			管理	4	2	2

续表

理论知识部分						操作技能部分					
内容			总课时	授课	复习	内容			总课时	授课	复习
按职业功能任选一项	核探测元件排气	生产准备	6	4	2	按职业功能任选一项	核探测元件排气	生产准备	8	2	6
		工艺操作	18	12	6			工艺操作	24	8	16
		故障判断与排除	10	6	4			故障判断与排除	16	6	10
		培训与指导	4	2	2			培训与指导	4	2	2
		管理	4	2	2			管理	4	2	2
	半导体探测器腐蚀与封装	生产准备	6	4	2		半导体探测器腐蚀与封装	生产准备	8	2	6
		工艺操作	18	12	6			工艺操作	24	8	16
		故障判断与排除	10	6	4			故障判断与排除	16	6	10
		培训与指导	4	2	2			培训与指导	4	2	2
		管理	4	2	2			管理	4	2	2
	晶体制备	生产准备	6	4	2		晶体制备	生产准备	8	2	6
		工艺操作	18	12	6			工艺操作	24	8	16
		故障判断与排除	10	6	4			故障判断与排除	16	6	10
		培训与指导	4	2	2			培训与指导	4	2	2
		管理	4	2	2			管理	4	2	2
	晶体封装	生产准备	6	4	2		晶体封装	生产准备	8	2	6
		工艺操作	18	12	6			工艺操作	24	8	16
		故障判断与排除	10	6	4			故障判断与排除	16	6	10
		培训与指导	4	2	2			培训与指导	4	2	2
		管理	4	2	2			管理	4	2	2

续表

理论知识部分						操作技能部分					
内容			总课时	授课	复习	内容			总课时	授课	复习
按职业功能任选一项	核探测器元件测量和检验	生产准备	6	4	2	按职业功能任选一项	核探测器元件测量和检验	生产准备	8	2	6
		工艺操作	18	12	6			工艺操作	24	8	16
		故障判断与排除	10	6	4			故障判断与排除	16	6	10
		培训与指导	4	2	2			培训与指导	4	2	2
		管理	4	2	2			管理	4	2	2
	整机装接	生产准备	6	4	2		整机装接	生产准备	8	2	6
		工艺操作	18	12	6			工艺操作	24	8	16
		故障判断与排除	10	6	4			故障判断与排除	16	6	10
		培训与指导	4	2	2			培训与指导	4	2	2
		管理	4	2	2			管理	4	2	2
	整机调试安装	生产准备	6	4	2		整机调试安装	生产准备	8	2	6
		工艺操作	18	12	6			工艺操作	24	8	16
		故障判断与排除	10	6	4			故障判断与排除	16	6	10
		培训与指导	4	2	2			培训与指导	4	2	2
		管理	4	2	2			管理	4	2	2
	整机检验	生产准备	6	4	2		整机检验	生产准备	8	2	6
		工艺操作	18	12	6			工艺操作	24	8	16
		故障判断与排除	10	6	4			故障判断与排除	16	6	10
		培训与指导	4	2	2			培训与指导	4	2	2
		管理	4	2	2			管理	4	2	2

续表

理论知识部分				操作技能部分			
内容	总课时	授课	复习	内容	总课时	授课	复习
机动	4			机动	4		
合计	60	36	20	合计	60	20	36

总课时数：120 课时。

3. 理论知识部分教学要求及内容

3.1　职业道德

3.1.1　教学要求

通过培训，使培训对象掌握职业道德基本知识，以及相关的法律、法规知识，规范从业行为，具备核辐射探测仪器制造人员应有的基本素质。

3.1.2　教学内容

（1）职业道德基本知识；

（2）职业守则。

3.1.3　教学建议

教学重点是应结合爱岗敬业，团队精神，遵纪守法，提高员工素质。

3.2 基础知识

3.2.1 教学要求

通过培训，使培训对象掌握技术文件编写知识。

3.2.2 教学内容

技术文件编写要求。

3.2.3 教学建议

教学重点为掌握技术文件编写要求，授课时要结合技术文件的格式和文字特点讲解。

3.3 生产准备

3.3.1 教学要求

通过培训，使培训对象掌握技师所应达到的生产准备理论知识和工艺知识。

3.3.2 教学内容

3.3.2.1 核探测器装架

（1）机械加工和制图基础知识；

（2）探测器的基础知识。

3.3.2.2 核探测气体电离器件涂覆（包括镀液、绝缘漆、导电溶液等）

（1）各种涂覆材料名称、性质；

（2）机械加工和制图基础知识；

（3）涂覆溶液的配制原理及化学性质；

（4）去除放射性污染的方法；

（5）涂覆操作规程的编写或修订。

3.3.2.3　核探测器玻璃零部件制作

（1）机械加工和制图基础知识；

（2）生产工艺文件的编写方法；

（3）安全生产知识。

3.3.2.4　核探测元件镀膜与活化

（1）真空镀膜、发射极活化的基础知识；

（2）光电倍增管的基础知识；

（3）半导体探测器的基础知识；

（4）设备的调试知识；

（5）操作规程的编写和修订。

3.3.2.5　核探测元件排气

（1）排气所用仪器设备的结构、工作原理；

（2）核探测器的基础知识；

（3）核探测元件的工作原理和性能参数；

（4）设备安装、调试知识；

（5）操作规程的编写和修订；

（6）排气系统设计知识。

3.3.2.6　半导体探测器腐蚀和封装

（1）半导体探测器的材料、原理和性能；

（2）机械加工和制图基础知识；

（3）化学工艺基础知识。

3.3.2.7　晶体制备

（1）机械制备基础知识；

（2）晶体生长炉设计原理；
（3）热压炉热场分布及控制原理；
（4）晶体生长条件编制原则。

3.3.2.8　晶体封装

（1）常用的机械、电器等设备的基本原理；
（2）所用于晶体封装的材料结构、性能。

3.3.2.9　核探测元器件测量和检验

（1）测试系统的工作原理；
（2）电路设计基础知识；
（3）非标准测试设备的电子线路图的设计并绘制；
（4）操作规程编写和修订。

3.3.2.10　整机装接

（1）新产品采用的电子元件工作原理；
（2）新产品采用的核探测元件、核探测装置的工艺知识；
（3）产品涉及的安装、焊接、装配新工艺知识；
（4）机械安装基础知识；
（5）样机产品、新产品试制和产品仪器的工艺分析与改进建议；
（6）依据相关技术文件备齐样机产品、产品仪器装配用各种电子材料、各种电子元器件和核探测元件知识。

3.3.2.11　整机调试安装

（1）测试仪器的使用方法；
（2）核辐射探测仪器安装、连接工艺要求；

（3）核辐射仪器、核辐射监测仪器调试用测试仪器的用途和原理知识；

（4）仪器/样机产品和产品仪器系统调试的步骤与方法。

3.3.2.12 整机检验

常用核辐射探测仪器和检验用仪器的工作原理。

3.3.3 教学建议

教学重点为掌握技师的生产准备知识。

3.4 工艺操作

3.4.1 教学要求

通过培训，使培训对象掌握工艺操作知识，达到技师所应掌握的工艺操作知识。

3.4.2 教学内容

3.4.2.1 核探测器装架

（1）安全生产知识；

（2）质量控制理论和方法；

（3）提高生产水平的措施。

3.4.2.2 核探测气体电离器件涂覆（包括镀液、绝缘漆、导电溶液等）

（1）涂覆溶液的配制与校正；

（2）用辅助阳极修复厚度不达标的涂覆电极；

（3）测定涂层厚度和鉴定涂层质量的方法；

（4）涂覆用工夹具的设计；

（5）涂覆工艺；

（6）涂覆量的计算。

3.4.2.3　核探测器玻璃零部件制作

（1）探测器元件的管壳材料、结构和性能；

（2）生产设备、工装和模具的工作原理；

（3）玻璃零部件介绍。

3.4.2.4　核探测元件镀膜与活化

（1）扩散泵换油、清洗、安装；

（2）镀膜室清洗、安装；

（3）工装器具的设计；

（4）活化、蒸镀膜层的质量情况的分析和措施的改进；

（5）新产品工艺试验。

3.4.2.5　核探测元件排气

（1）针对探测器质量问题的分析与实验，及解决方案；

（2）开展新工艺，新设备调研和试验；

（3）探测器的排气工艺操作知识；

（4）机械泵拆卸和修理知识；

（5）充气后探测器性能测试方法。

3.4.2.6　半导体探测器腐蚀和封装

（1）安全生产知识；

（2）质量控制理论和方法；

（3）提高生产水平的措施。

3.4.2.7　晶体制备

（1）各种热锻晶体的操作知识；

（2）各种晶体炉安装、调试方法及内部组件的更换方法。

3.4.2.8　晶体封装

（1）晶体封装的质量控制理论和方法；

（2）机械加工和制图的基础知识；

（3）晶体的特性；

（4）核物理基础知识；

（5）光导的基础知识。

3.4.2.9　核探测元器件测量和检验

（1）探测器的质量分析与检测方法；

（2）反应堆的基础知识；

（3）核探测器的基础知识；

（4）中子、γ 等各种射线的特性；

（5）新型探测器的测试；

（6）型式试验；

（7）探测器的线性和最高计数率等核电性能测试；

（8）测试仪表的校准。

3.4.2.10　整机装接

（1）常用仪器仪表检测方法；

（2）主要核辐射探测仪器样机和产品的原理、检验和检修技术；

（3）新采用的核探测装置的安装与连接知识；

（4）核辐射探测仪器样机、产品仪器的安装与电气连接知识；

（5）核辐射探测仪器新采用的电子元器件的检测、焊接知识；

（6）依据核辐射探测仪器样机、产品仪器的接线图，编制装接工艺文件的要求与方法。

3. 4. 2. 11　整机调试安装

（1）仪器/样机的调试、安装内容及方法；

（2）核辐射监测仪器系统的安装、调试内容及方法；

（3）对用户进行仪器系统培训的内容及方法。

3. 4. 2. 12　整机检验

核辐射射线测量方法有关知识。

3. 4. 3　教学建议

教学重点为全面掌握技师在工艺操作中的相关知识，提高工艺操作水平，提高产品质量。

3. 5　故障判断与排除

3. 5. 1　教学要求

通过培训，使培训对象掌握工艺操作中的故障判断与排除，深入了解具体操作方法。

3. 5. 2　教学内容

3. 5. 2. 1　核探测器装架

（1）所用设备的主要性能；

（2）产品问题的原因分析，及纠正、预防措施的制定；

（3）工艺操作中出现问题时的解决方法。

3.5.2.2　核探测气体电离器件涂覆（包括镀液、绝缘漆、导电溶液等）

（1）设备故障的排除和检修；

（2）涂覆质量不佳的原因分析（涂覆溶液的成分、酸碱度、电流、电压、温度及有害杂质）和纠正措施。

3.5.2.3　核探测器玻璃零部件制作

（1）所用设备的主要性能；

（2）产品问题的原因分析，及纠正、预防措施的制定；

（3）工艺操作中出现问题时的解决方法。

3.5.2.4　核探测元件镀膜与活化

（1）本工序常见的质量问题的分析及解决办法；

（2）突发事故的处理方法。

3.5.2.5　核探测元件排气

（1）真空系统出现漏气等问题的判断，及处理方法；

（2）对充气后性能不合格的探测器的判断，如脉冲亮线不集中（分辨率不高）、坪特性差及解决方法。

3.5.2.6　半导体探测器腐蚀和封装

（1）所用设备的主要性能；

（2）产品问题的原因分析及纠正措施；

（3）工艺操作中出现问题时的解决方法。

3.5.2.7　晶体制备

故障隐患现象及排除方法。

3.5.2.8　晶体封装

（1）晶体封装的方法；

（2）晶体封装所用电器设备的结构、性能和维护保养知识。

3.5.2.9　核探测元器件测量和检验

（1）生产设施和设备的基础知识；

（2）探测器性能数据的统计，提出改进的意见和建议。

3.5.2.10　整机装接

（1）核辐射探测仪器装接过程中质量问题的检查、判断与处理；

（2）自动装接设备故障的判断与排除方法。

3.5.2.11　整机调试安装

系统中各类故障的分析判断，用不同方法验证故障及排除方法。

3.5.2.12　整机检验

常用检验设备的常见故障。

3.5.3　教学建议

教学重点为掌握技师在工艺操作中出现问题时的具体解决方法。

3.6　培训与指导

3.6.1　教学要求

通过培训，使培训对象了解工艺操作知识教学方法和讲演知识。

3.6.2　教学内容

（1）讲演的基本知识；

（2）培训讲义的编写。

3.6.3　教学建议

教学重点使培训对象了解教学方法。

3.7　管理

3.7.1　教学要求

通过培训，使培训对象了解管理知识。

3.7.2　教学内容

（1）组织管理基础知识；

（2）质量管理基础知识。

3.7.3　教学建议

教学重点使培训对象掌握工艺管理和生产技术管理的知识。

4. 操作技能部分教学要求及内容

4.1 教学要求

通过培训，使培训对象掌握操作技能。培训完毕，培训对象应掌握技师的操作技能。在培训指导和工艺技术管理方面具有一定的能力。

4.2 教学内容

4.2.1 生产准备

4.2.1.1 核探测器装架

（1）根据要求设计零部件装架工艺流程；

（2）编写或修订装架操作规程；

（3）配置工艺所需的条件。

4.2.1.2 核探测气体电离器件涂覆（包括镀液、绝缘漆、导电溶液等）

（1）设计涂覆支架系统；

（2）放射性污染去除；

（3）编写或修订涂覆操作规程。

4.2.1.3 核探测器玻璃零部件制作

（1）设计零部件工艺流程；

（2）编写或修订操作规程。

4.2.1.4 核探测元件镀膜与活化

（1）调试设备；

（2）编写和修订操作规程。

4.2.1.5　核探测元件排气

（1）进行设备安装、调试；

（2）编写和修订操作规程；

（3）按照管型的要求设计出排气系统。

4.2.1.6　半导体探测器腐蚀和封装

（1）安装、调试生产工艺设备；

（2）编写或修订操作规程；

（3）配置工艺所需的条件。

4.2.1.7　晶体制备

（1）零部件的设计基础；

（2）热场分布测试方法；

（3）热工仪表结构及控制原理。

4.2.1.8　晶体封装

（1）编写晶体封装的操作规程；

（2）生产设备的安装、调试。

4.2.1.9　核探测元器件测量和检验

（1）设计并绘制非标准测试设备的电子线路图；

（2）编写和修订操作规程。

4.2.1.10　整机装接

（1）对选定核探测仪器进行工艺分析与提出工艺改进建议；

（2）依据相关技术文件备齐样机产品、产品仪器装配用各种电子材料、各种电子元器件和核探测元器件。

4.2.1.11　整机调试安装

仪器/样机安装调试中，各类测量仪器、仪表、转接件及附件系统连接操作及辐射防护的设置。

4.2.1.12　整机检验

按产品技术标准组织配置系统产品的各种检验设备。

4.2.2　工艺操作

4.2.2.1　核探测器装架

（1）安装调试生产设备、工装和模具；

（2）改进生产工艺条件。

4.2.2.2　核探测气体电离器件涂覆（包括镀液、绝缘漆、导电溶液等）

（1）配制与校正各种涂覆溶液；

（2）用辅助阳极修复厚度不达标涂覆电极；

（3）测定涂层厚度，鉴定涂层质量；

（4）设计涂覆用工夹具；

（5）保证涂覆合格率在85%以上；

（6）计算涂覆量。

4.2.2.3　核探测器玻璃零部件制作

（1）安装调试生产设备、工装和模具；

（2）制作4种玻璃零部件；

（3）设计异形玻璃零部件制作工艺和工艺试验。

4.2.2.4　核探测元件镀膜与活化

（1）扩散泵换油、清洗、安装；

（2）镀膜室清洗、安装；

（3）设计工装器具；

（4）分析活化、蒸镀膜层的质量情况，提出改进措施；

（5）新产品工艺试验。

4.2.2.5　核探测元件排气

（1）针对探测器质量问题进行分析与实验，提出解决方案；

（2）开展新工艺、新设备调研和试验；

（3）完成三种类型以上探测器的排气工艺操作，成品率达到90%以上；

（4）拆卸和修理机械泵；

（5）用放射源测试充气后探测器性能。

4.2.2.6　半导体探测器腐蚀和封装

（1）进行腐蚀面积、腐蚀时间等计算；

（2）设计和制作工具；

（3）改进生产工艺条件；

（4）进行工艺试验不断采用新工艺、新设备提高生产水平；

（5）腐蚀小于500 μm厚度的圆晶薄片，并能进行封装工序的操作；

（6）根据具体型号要求设计制作腐蚀槽、腐蚀花篮等工具。

4.2.2.7　晶体制备

（1）压制毛坯晶体的选择；

（2）编制制备晶体的程序并指导工人准确输入程控

仪中。

4.2.2.8　晶体封装

（1）ϕ200 mm 以上大型薄片晶体、组合晶体和组合探测器的封装；

（2）晶体封装工艺的编写；

（3）晶体封装内、外封胶的要求；

（4）依据测量数据改进生产工艺，进一步提高核性能。

4.2.2.9　核探测元器件测量和检验

（1）测试新型探测器；

（2）型式试验；

（3）测试探测器的线性和最高计数率等核电性能；

（4）校准测试仪表。

4.2.2.10　整机装接

（1）新型核探测装置的安装与连接；

（2）核辐射探测仪器中新型电子元器件的检测、焊接；

（3）选定核辐射探测仪器功能部件检测；

（4）安装选定核辐射探测仪器的电气连接；

（5）依据核辐射探测仪器的接线图，编制装接工艺文件。

4.2.2.11　整机调试安装

（1）结合生产实际安装调试仪器/样机和核辐射监测系统；

（2）以安装调试过的核辐射仪器为例，对用户进行系统培训。

4.2.2.12　整机检验

（1）按照产品标准的技术要求对系统/样机（热释光、微机多道 γ 谱仪或相同复杂程度的其他产品）进行常规检验；

（2）做常规检验记录，编写常规检验报告；

（3）按照产品标准的技术要求做环境试验；

（4）做环境试验记录，编写环境试验报告。

4.2.3　故障判断与排除

4.2.3.1　核探测器装架

（1）判断生产设施和设备运行中的问题，并能排除故障；

（2）对生产过程中的不合格品进行原因分析，并纠正和制定预防措施。

4.2.3.2　核探测气体电离器件涂覆（包括镀液、绝缘漆、导电溶液等）

（1）排除和检修设备的故障；

（2）分析涂覆质量不佳的原因（涂覆溶液的成分和酸碱度、电流、电压、温度及有害杂质），并采取纠正措施。

4.2.3.3　核探测器玻璃零部件制作

（1）处理突发事故；

（2）分析不合格品的原因，并纠正和制定预防措施。

4.2.3.4　核探测元件镀膜与活化

（1）对本工序质量问题提出分析意见及解决办法；

（2）对突发的生产事故进行紧急处理。

4.2.3.5　核探测元件排气

（1）判断真空系统出现的漏气等问题，并处理；

（2）对充气后性能不合格的探测器作出判断，如脉冲亮线不集中（分辨率不高）、坪特性差，并解决。

4.2.3.6　半导体探测器腐蚀和封装

（1）判断生产设施和设备运行中的问题，并能排除故障；

（2）对生产过程中的不合格品进行原因分析，并纠正和制定预防措施。

4.2.3.7　晶体制备

从记录中找出故障隐患，分析原因，制定排除方法。

4.2.3.8　晶体封装

（1）晶体封装生产过程中出现的问题要及时有效地解决；

（2）针对生产过程中存在的问题提出改进建议。

4.2.3.9　核探测元器件测量和检验

（1）判断生产设施和设备运行中的问题并排除；

（2）在定期批量生产时，对探测器性能数据做出统计，并找出规律，提出改进意见；

（3）对不合格产品进行统计，分析影响质量的因素，提出改进的建议。

4.2.3.10　整机装接

（1）自动装接设备原理介绍、故障判断与排除方法；

（2）选定核辐射探测仪器的原理与主要技术指标介绍，关键部件、部位的检查与检测方法；

（3）查出的质量问题的处理要求及方法。

4.2.3.11　整机调试安装

系统中各类故障的分析判断，用不同方法验证故障，并予以排除。

4.2.3.12　整机检验

常用检验设备常见故障的排除。

4.2.4　培训与指导

（1）讲授操作规程；

（2）编写培训讲义。

4.2.5　管理

编写材料定额、工时定额。

4.3　教学建议

教学过程中，技能知识的掌握以“必需、够用”为原则，强调技能的实操。应结合教学模型和实训设备加强技能的演示、操作和案例分析。对于技能所涉及的知识应以提高培训对象的实际动手能力和独立工作的能力为核心，进行综合培训。

核辐射探测仪器制造人员
高级技师培训计划

1. 培训目标

1.1 总体目标

培训具备以下条件的人员：掌握核辐射探测仪器制造人员高级技师的理论知识和专业知识，能运用本职业功能操作技能独立完成高级技师的操作要求。在生产实际中具备改革创新能力，能解决生产中的实际问题，能指导并组织有关人员协同作业。

1.2 理论知识培训目标

依据《核辐射探测仪器制造人员国家职业标准》中对高级技师的理论知识要求，通过培训，使培训对象掌握高级技师的基础知识和生产准备、工艺操作、故障判断与排除及培训与指导和管理知识。

1.3　操作技能培训目标

依据《核辐射探测仪器制造人员国家职业标准》中对高级技师的操作技能要求，使培训对象掌握高级技师的生产准备、工艺操作、故障判断与排除及培训与指导和管理知识，能组织协调生产并能解决生产工艺中的难题。

2. 教学要求

2.1　理论知识要求

2.1.1　职业道德

2.1.2　基础知识

2.1.3　生产准备

2.1.4　工艺操作

2.1.5　故障判断与排除

2.1.6　培训与指导

2.1.7　管理

2.2　操作技能要求

2.2.1　生产准备

2.2.2 工艺操作

2.2.3 故障判断与排除

2.2.4 培训与指导

2.2.5 管理

3. 教学计划安排

职业标准中规定“高级技师要求完成职业功能一至六项中任意一项，达到该项的技能要求，掌握该项的相关知识，同时还能完成另外任意三项高级工的技能要求”。本教学计划安排的培训课时只限于对高级技师职业功能任意一项的技能要求和相关知识的培训，不包含对另外任意三项高级工职业功能技能要求的培训。

总课时数：100 课时；

理论知识课时：32 课时；

理论知识复习：14 课时；

操作技能课时：18 课时；

操作技能练习：28 课时；

机动课时：8 课时。

核辐射探测仪器制造人员
高级技师培训大纲

1. 课时任务和说明

通过培训，使培训对象掌握核辐射探测仪器制造人员高级技师的理论知识和所应具备的操作技能。培训完毕，培训对象应掌握核辐射探测仪器制造人员高级技师的理论知识和较高的工艺操作技能和工艺技术管理知识。

在教学过程中，应以理论教学为基础，强化操作和基本技能的培训，使培训对象通过培训掌握高级技师的理论知识和实际操作技能，达到培训目标和要求。

2. 课时分配

课时分配表

理论知识部分				操作技能部分			
内容	总课时	授课	复习	内容	总课时	授课	复习
职业道德	4	4	—	职业道德	—	—	—
基础知识	8	6	2	基础知识	—	—	—

续表

<table>
<tr><th colspan="6">理论知识部分</th><th colspan="6">操作技能部分</th></tr>
<tr><th colspan="3">内容</th><th>总课时</th><th>授课</th><th>复习</th><th colspan="3">内容</th><th>总课时</th><th>授课</th><th>复习</th></tr>
<tr><td rowspan="20">按职业功能任选一项</td><td rowspan="5">核探测气体电离器件涂覆（包括镀液、绝缘漆、导电溶液等）</td><td>生产准备</td><td>4</td><td>2</td><td>2</td><td rowspan="20">按职业功能任选一项</td><td rowspan="5">核探测气体电离器件涂覆（包括镀液、绝缘漆、导电溶液等）</td><td>生产准备</td><td>8</td><td>4</td><td>4</td></tr>
<tr><td>工艺操作</td><td>12</td><td>8</td><td>4</td><td>工艺操作</td><td>16</td><td>6</td><td>10</td></tr>
<tr><td>故障判断与排除</td><td>10</td><td>8</td><td>2</td><td>故障判断与排除</td><td>10</td><td>4</td><td>6</td></tr>
<tr><td>培训与指导</td><td>4</td><td>2</td><td>2</td><td>培训与指导</td><td>6</td><td>2</td><td>4</td></tr>
<tr><td>管理</td><td>4</td><td>2</td><td>2</td><td>管理</td><td>6</td><td>2</td><td>4</td></tr>
<tr><td rowspan="5">核探测元件排气</td><td>生产准备</td><td>4</td><td>2</td><td>2</td><td rowspan="5">核探测元件排气</td><td>生产准备</td><td>8</td><td>4</td><td>4</td></tr>
<tr><td>工艺操作</td><td>12</td><td>8</td><td>4</td><td>工艺操作</td><td>16</td><td>6</td><td>10</td></tr>
<tr><td>故障判断与排除</td><td>10</td><td>8</td><td>2</td><td>故障判断与排除</td><td>10</td><td>4</td><td>6</td></tr>
<tr><td>培训与指导</td><td>4</td><td>2</td><td>2</td><td>培训与指导</td><td>6</td><td>2</td><td>4</td></tr>
<tr><td>管理</td><td>4</td><td>2</td><td>2</td><td>管理</td><td>6</td><td>2</td><td>4</td></tr>
<tr><td rowspan="5">半导体探测器腐蚀与封装</td><td>生产准备</td><td>4</td><td>2</td><td>2</td><td rowspan="5">半导体探测器腐蚀与封装</td><td>生产准备</td><td>8</td><td>4</td><td>4</td></tr>
<tr><td>工艺操作</td><td>12</td><td>8</td><td>4</td><td>工艺操作</td><td>16</td><td>6</td><td>10</td></tr>
<tr><td>故障判断与排除</td><td>10</td><td>8</td><td>2</td><td>故障判断与排除</td><td>10</td><td>4</td><td>6</td></tr>
<tr><td>培训与指导</td><td>4</td><td>2</td><td>2</td><td>培训与指导</td><td>6</td><td>2</td><td>4</td></tr>
<tr><td>管理</td><td>4</td><td>2</td><td>2</td><td>管理</td><td>6</td><td>2</td><td>4</td></tr>
<tr><td rowspan="5">晶体制备</td><td>生产准备</td><td>4</td><td>2</td><td>2</td><td rowspan="5">晶体制备</td><td>生产准备</td><td>8</td><td>4</td><td>4</td></tr>
<tr><td>工艺操作</td><td>12</td><td>8</td><td>4</td><td>工艺操作</td><td>16</td><td>6</td><td>10</td></tr>
<tr><td>故障判断与排除</td><td>10</td><td>8</td><td>2</td><td>故障判断与排除</td><td>10</td><td>4</td><td>6</td></tr>
<tr><td>培训与指导</td><td>4</td><td>2</td><td>2</td><td>培训与指导</td><td>6</td><td>2</td><td>4</td></tr>
<tr><td>管理</td><td>4</td><td>2</td><td>2</td><td>管理</td><td>6</td><td>2</td><td>4</td></tr>
</table>

续表

理论知识部分						操作技能部分					
内容			总课时	授课	复习	内容			总课时	授课	复习
按职业功能任选一项	核探测元器件测量和检验	生产准备	4	2	2	按职业功能任选一项	核探测元器件测量和检验	生产准备	8	4	4
		工艺操作	12	8	4			工艺操作	16	6	10
		故障判断与排除	10	8	2			故障判断与排除	10	4	6
		培训与指导	4	2	2			培训与指导	6	2	4
		管理	4	2	2			管理	6	2	4
	整机调试安装	生产准备	4	2	2		整机调试安装	生产准备	8	4	4
		工艺操作	12	8	4			工艺操作	16	6	10
		故障判断与排除	10	8	2			故障判断与排除	10	4	6
		培训与指导	4	2	2			培训与指导	6	2	4
		管理	4	2	2			管理	6	2	4
机动			4			机动			4		
合计			50	32	14	合计			50	18	28

总课时数：100 课时。

3. 理论知识部分教学要求及内容

3.1 职业道德

3.1.1 教学要求

通过培训，使培训对象掌握职业道德基本知识，以及相关的法律、法规知识，规范从业行为，具备核辐射探测仪器制造人员应有的基本素质。

3.1.2 教学内容

（1）职业道德基本知识；

（2）职业守则。

3.1.3 教学建议

教学重点是应结合爱岗敬业，团队精神，遵纪守法，提高员工素质。

3.2 基础知识

3.2.1 教学要求

通过培训，使培训对象掌握论述文的写作知识。

3.2.2 教学内容

论述文的写作知识。

3.2.3 教学建议

教学重点是掌握技术论文的写作特点，提高理论表述能力。

3.3 生产准备

3.3.1 教学要求

通过培训，使培训对象掌握核辐射探测仪器制造人员高级技师所应达到的生产准备理论知识和工艺知识。

3.3.2 教学内容

3.3.2.1 核探测气体电离器件涂覆（包括镀液、绝缘漆、导电溶液等）

（1）电泳涂硼方法；

（2）生产技术管理知识；

（3）涂覆时间、电流密度、溶液成分与温度对涂层厚度、面积和质量的关系及相关计算；

（4）涂硼和镀铀涂覆支架的设计。

3.3.2.2 核探测元件排气

（1）核物理基础知识；

（2）各种气体的性质；

（3）二氟化硼、氯气、溴气、二氧化碳等有毒、易燃、易爆气体使用安全和过程处理；

（4）编制探测器元件排气工艺流程；

（5）排气系统的设计知识；

（6）真空获得、测量和检漏设备的操作技能。

3.3.2.3 半导体探测器腐蚀和封装

（1）半导体的生产工艺和技术知识；

（2）新材料、新工艺概况及应用前景；

（3）化学工艺知识。

3.3.2.4 晶体制备

（1）闪烁晶体工作原理；

（2）厂房设计基础知识；

（3）编制生产设备及工艺管线平面安装图。

3.3.2.5 核探测元器件测量和检验

（1）探测器的应用；

（2）核电性能指标的物理概念；

（3）核辐射探测仪器的工作原理；

（4）测量设备的选择和测量系统的组成；

（5）探测器测试流程的编制；

（6）辐射单位的换算。

3.3.2.6 整机调试安装

（1）测试仪器、仪表的结构及原理；

（2）调试方案内容和编制原则；

（3）系统/样机的安装、连接、焊接质量要求及安全防护知识；

（4）系统/样机的工作原理、技术要求及各部分之间的连接特性；

（5）核辐射探测仪器系统及各部分的工艺说明编制要求；

（6）拟制系统/样机的调试方案和设计、搭接测试系统的内容及要求。

3.3.3 教学建议

教学重点为掌握高级技师的生产准备知识。

3.4 工艺操作

3.4.1 教学要求

通过培训，使培训对象全面掌握工艺操作知识，达到高级技师所应掌握的工艺知识。

3.4.2 教学内容

3.4.2.1 核探测气体电离器件涂覆（包括镀液、绝缘漆、导电溶液等）

（1）工件涂覆工艺的编制，估工、算料；

（2）涂覆工艺和设备改进措施；

（3）新管型涂覆工艺试验；

（4）镀槽电流效率的测定；

（5）涂硼和镀铀工艺，涂覆合格率在90%以上；

（6）涂覆质量不佳的原因分析（湿度、压力、流动性、极间距离、浓度、水分、化学纯度、酸碱性、涂覆电压、涂覆时间、涂覆电源大小等）和纠正措施；

（7）完成和指导低级人员涂覆后电极的处理工序。

3.4.2.2 核探测元件排气

（1）探测器的排气工艺改进；

（2）新管型科研排气试验；

（3）排气操作工艺；

（4）探测元件排气参数的调整。

3.4.2.3　半导体探测器腐蚀和封装

（1）生产管理、技术管理知识；

（2）工艺操作的改进措施；

（3）突发事故的应急措施。

3.4.2.4　晶体制备

（1）结晶炉、热压炉设计原理；

（2）工艺流程图及技术总结的编制；

（3）晶体生长与杂质排异知识。

3.4.2.5　核探测元器件测量和检验

（1）放射性防护、环保等相关法律、法规；

（2）探测器核电性能的测试；

（3）测试仪表的使用、参数的测量以及性能的分析；

（4）堆上项目的测试；

（5）技术总结。

3.4.2.6　整机调试安装

（1）系统/样机的安装质量检测方案编写要求与方法；

（2）系统/样机的人员分工与合作及安装质量要求的连接和焊接质量检测方案编写内容与方法；

（3）系统/样机的安全检查要求与方案的编写；

（4）系统/样机调试过程中，核辐射安全防护方案的编写。

3.4.3　教学建议

教学重点为全面掌握高级技师在工艺操作中如何提

高工艺操作水平，提高产品质量，了解本职业新技术及发展趋势。

3.5 故障判断与排除

3.5.1 教学要求

通过培训，使培训对象掌握工艺操作中的故障判断与排除，深入了解具体操作方法。

3.5.2 教学内容

3.5.2.1 核探测气体电离器件涂覆（包括镀液、绝缘漆、导电溶液等）

（1）涂覆设备的修理；

（2）对整管性能不佳的管型的全部工艺环节（如清洗、装架、涂覆、排气、测量等）的分析及判断。

3.5.2.2 核探测元件排气

（1）排气系统设备和仪表出现的故障的判断及排除知识；

（2）对充气后性能不合格的探测器出现工艺问题的环节（如清洗、装架、检漏、排气等）的判断。

3.5.2.3 半导体探测器腐蚀和封装

（1）产品质量统计知识；

（2）产品问题的原因分析及纠正措施；

（3）工艺操作中出现问题时的解决方法。

3.5.2.4 晶体制备

工艺过程中各种异常现象及工艺设备故障的发现和

判断。

3.5.2.5　核探测元器件测量和检验

（1）安全生产知识；

（2）事故隐患的判断和预防措施；

（3）突发事故的处理；

（4）测试数据的统计和分析；

（5）仪表故障的判断以及维护和检修。

3.5.2.6　整机调试安装

（1）系统/样机的功能调校方案的编写要求与方法；

（2）系统/样机的各项指标予以调校和测试的方案编写要求与方法；

（3）系统/样机功能调试工作中技术难题的解决方法；

（4）系统/样机联调时的技术难题的解决方法；

（5）核辐射探测仪器和样机在剂量刻度方面遇到难题的解决方法；

（6）对仪器、仪表和设备的校正方法。

3.5.3　教学建议

教学重点为掌握高级技师在工艺操作中出现问题时的具体解决方法。

3.6　培训与指导

3.6.1　教学要求

通过培训，使培训对象掌握了解沟通技巧。

3.6.2 教学内容

（1）沟通技巧；

（2）教育学基础知识。

3.6.3 教学建议

教学重点使培训对象了解传授知识的相关技巧。

3.7 管理

3.7.1 教学要求

通过培训，使培训对象了解组织协调的一般知识。

3.7.2 教学内容

（1）组织协调知识；

（2）技术管理知识。

3.7.3 教学建议

教学重点使培训对象了解有关管理技巧。

4. 操作技能部分教学要求及内容

4.1 教学要求

通过培训，使培训对象掌握全面的操作技能。培训完毕，培训对象应掌握高级技师的操作技能，在培训指导和工艺技术管理方面具有一定的水平。

4.2 教学内容

4.2.1 生产准备

4.2.1.1 核探测气体电离器件涂覆（包括镀液、绝缘漆、导电溶液等）

设计涂硼和镀铀涂覆支架。

4.2.1.2 核探测元件排气

（1）编制探测器元件排气工艺流程；

（2）按管型要求设计出至少三种类型以上的排气系统；

（3）具备真空获得、测量和检漏设备的操作技能。

4.2.1.3 半导体探测器腐蚀和封装

（1）制定工艺流程；

（2）根据要求，设计工艺条件；

（3）绘制工艺管线和设备安装图；

（4）设计满足生产工艺要求的生产装置。

4.2.1.4 晶体制备

（1）依据新产品要求，提出工程设计计划；

（2）编制相关材料、设备清单及各项技术要求。

4.2.1.5 核探测元件测量和检验

（1）针对测量对象和检测项目，选择测量设备并组成测量系统；

（2）通过测量检验产品的性能，提出改进工艺的意见；

（3）编制探测器测试流程；

（4）进行辐射单位换算。

4.2.1.6　整机调试安装

（1）编制核辐射探测仪器系统及各部分的工艺说明；

（2）拟制核辐射探测仪器系统的调试方案，并设计、搭接测试系统。

4.2.2　工艺操作

4.2.2.1　核探测气体电离器件涂覆（包括镀液、绝缘漆、导电溶液等）

（1）对涂覆工艺方案提出建议；

（2）编制工件的涂覆工艺并估工、算料；

（3）对涂覆工艺和设备提出改进措施；

（4）进行新管型涂覆工艺试验；

（5）测定各种镀槽的电流效率；

（6）完成涂硼和镀铀两种类型的涂覆工艺，成品率达90%以上；

（7）分析涂覆质量缺陷，应根据湿度、压力、流动性、极间距离、浓度、水分、化学纯度、酸碱性、涂覆电压、涂覆时间、涂覆电源大小等因素找出主要原因，采取纠正措施，使涂覆达到质量要求；

（8）完成和指导低级人员涂覆后电极的处理工序，包括擦拭和高温真空烧烤工序。

4.2.2.2　核探测元件排气

（1）对探测器的排气工艺进行改进；

（2）完成新管型科研排气试验；

（3）完成四种以上类型探测器的排气工艺的操作，成品率能达到90%以上；

（4）根据探测器性能要求调整排气参数。

4.2.2.3　半导体探测器腐蚀和封装

（1）进行新产品的工艺设计和工艺试验；

（2）改进岗位工艺，有效提高产品的质量；

（3）根据腐蚀液的成分比例关系、溶液体积、浓度、温度、化学反应的剧烈程度等因素判断工艺情况，并能通过调整腐蚀液的成分配比关系等手段改进工艺流程，提高质量；

（4）对封装工艺过程进行分析，判断出封装结构变形等问题出自哪些因素，如封装胶或烘烤温度等，并进行改进；

（5）进行技术总结。

4.2.2.4　晶体制备

（1）根据产品要求设计结晶炉、热压炉及相关部件；

（2）热压模具的设计。

4.2.2.5　核探测元器件测量和检验

（1）测试探测器的核电性能；

（2）使用测试仪表，并选择新的测试参数，对性能进行分析比较；

（3）用标准放射源完成堆上测试项目；

（4）进行技术总结。

4.2.2.6 整机调试安装

（1）编写系统/样机的安装质量检测方案；

（2）编写系统/样机的人员分工与合作及安装质量要求的连接和焊接质量检测方案；

（3）编写系统/样机的安全检查要求与方案；

（4）编写系统/样机调试过程中核辐射安全防护方案。

4.2.3 故障判断与排除

4.2.3.1 核探测气体电离器件涂覆（包括镀液、绝缘漆、导电溶液等）

（1）修理涂覆设备；

（2）对整管性能不佳的管型，能对工艺的全部环节进行分析（如清洗、装架、涂覆、排气、测量等），并提出自己的判断。

4.2.3.2 核探测元件排气

（1）判断排气系统设备和仪表出现的故障，并排除异常；

（2）对充气后性能不合格的探测器，能初步判断问题出在工艺上的哪个环节（如清洗、装架、检漏、排气等）。

4.2.3.3 半导体探测器腐蚀和封装

（1）判断故障隐患，采取预防措施；

（2）处理突发事故。

4.2.3.4 晶体制备

组织工人或专业维修人排除。

4.2.3.5 核探测元器件测量和检验

（1）判断隐患，采取预防措施；

（2）处理突发事故；

（3）统计分析试验数据；

（4）判断仪表故障并维护和检修。

4.2.3.6 整机调试安装

（1）编写系统/样机的功能调校方案；

（2）编写系统/样机的各项指标予以调校和测试方案；

（3）解决系统/样机功能调试工作中的技术难题；

（4）解决系统/样机联调时的技术难题；

（5）解决核辐射探测仪器和样机在剂量刻度方面遇到的难题；

（6）校正仪器、仪表和设备。

4.2.4 培训与指导

（1）撰写相关知识的技术论文；

（2）编写技能操作培训教材。

4.2.5 管理

用图表和文字编制各岗位生产人员协同作业的方案。

4.3 教学建议

教学过程中，技能知识的掌握以“必需、够用”

为原则，强调技能的实操。应结合教学模型和实训设备加强技能的演示、操作和案例分析。对于技能所涉及的知识应以提高培训对象的实际动手能力和独立工作的能力为核心，进行综合培训。